趣味物理學 續篇

Entertaining Physics 2

Я. И. Перельман 雅科夫·伊西達洛維奇·別萊利曼／著

劉玉中／譯　郭鴻典／校訂

別萊利曼趣味科學系列

全世界青少年最喜愛的趣味科普讀物
暢銷20多國，全世界銷量超過2000萬冊
世界經典科普名著，科普大師別萊利曼代表作

五南圖書出版公司印行

作者簡介

　　雅科夫・伊西達洛維奇・別萊利曼（Я. И. Перельман，1882 ～ 1942）並不是我們傳統印象中的那種「學者」，別萊利曼既沒有過科學發現，也沒有什麼特別的稱號，但是他把自己的一生都獻給了科學；他從來不認為自己是一個作家，但是他所著的作品印刷量卻足以讓任何一個成功的作家豔羨不已。

　　別萊利曼誕生於俄國格羅德諾省別洛斯托克市，17 歲開始在報刊上發表作品，1909 年畢業於聖彼德堡林學院，之後便全力從事教學與科學寫作。1913 ～ 1916 年完成《趣味物理學》，這為他後來創作的一系列趣味科學讀物奠定了基礎。1919 ～ 1923 年，他創辦了蘇聯第一份科普雜誌《在大自然的工坊裡》，並擔任主編。1925 ～ 1932 年，他擔任時代出版社理事，組織出版大量趣味科普圖書。1935 年，別萊利曼創辦並開始營運列寧格勒（聖彼德堡）「趣味科學之家」博物館，開展了廣泛的少年科學活動。在蘇聯衛國戰爭期間，別萊利曼

仍然堅持爲蘇聯軍人舉辦軍事科普講座，但這也是他幾十年科普生涯的最後奉獻。在德國法西斯侵略軍圍困列寧格勒期間，這位對世界科普事業做出非凡貢獻的趣味科學大師不幸於 1942 年 3 月 16 日辭世。

別萊利曼一生共寫了 105 本書，大部分是趣味科學讀物。他的作品中許多部已經再版數十次，被翻譯成多國語言，至今依然在全球各地再版發行，深受全世界讀者的喜愛。

凡是讀過別萊利曼趣味科學讀物的人，無不爲其作品的優美、流暢、充實和趣味化而傾倒。他將文學語言與科學語言完美結合，將實際生活與科學理論巧妙聯繫，把一個問題、原理敘述得簡潔生動而又十分精確、妙趣橫生 —— 使人忘記了自己是在讀書、學習，反倒像是在聽什麼新奇的故事。

1959 年蘇聯發射的無人月球探測器「月球 3 號」傳回了人類歷史上第一張月球背面照片，人們將照片中的一座月球環形山命名爲「別萊利曼」環形山，以紀念這位卓越的科普大師。

目 錄

第 1 章

力學的基本定律

Physics

○*1.1* 最便宜的旅行方式

　　17世紀法國作家西拉諾·德·貝爾熱拉克在自己的諷刺小說《月球上的國家史》（1652年）中談到一件似乎是他本人親身經歷的趣事。有一次做物理實驗的時候，他竟然莫名其妙地和一些玻璃瓶一起升到了高空。過了幾個小時再回到地上的時候，令他吃驚的是，他竟然不是落在自己的祖國法國，甚至根本不在歐洲，而是在北美洲的加拿大！對於這次穿越大西洋的意外之旅，這位法國作家他是這樣解釋的：當一個身不由己的旅行者離開地球表面的時候，地球依舊在自西向東轉；所以，當他降落之後，雙腳便不是落在法國而是在美洲大陸了。

　　看起來，這是一種多麼便利、便宜的旅行方式啊！只需要上升到空中，在空氣中停留上哪怕幾秒鐘的時間，就可以降落到遙遠的西邊了。人們再也用不著穿越海洋、越過大陸來進行令人精疲力竭的旅行，只需要懸在地球上空，等待著地球將目的地帶到腳下就行了。

　　遺憾的是，這種神奇的旅行方法只不過是種幻想。首先，即便上升到了空中，我們實際上還是沒有離開地球，因為我們依舊停留在它的大氣外殼中，依舊處在隨其自轉的大氣裡。確切來說，地球下層比較密實的空氣是會隨著地球轉動的，並帶著它裡面的一切東西，例如雲、飛機、鳥兒、昆蟲等和地球一起自轉。如果空氣不跟著地球一起旋轉的話，那我們站在地球上就會感受到極其強烈的大風，這種大風會讓最猛烈的颶風[1]也相形見絀。

1　颶風的速度是每秒 40 公尺，每小時 144 公里。在聖彼德堡的緯度上，這樣的風速會讓地球以每秒鐘 230 公尺，也就是每小時 828 公里的速度帶著我們前行。

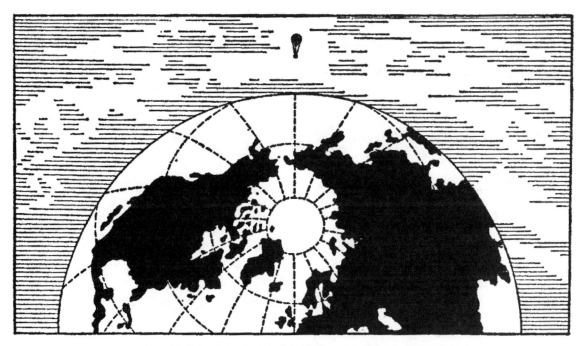

圖 1　能不能從氣球上看到地球在轉動？（此圖並未遵照比例尺）

要知道，不論我們是站在原地讓風從身旁吹過；還是反過來，空氣不動，我們隨著空氣前進，這兩種情況都是沒有區別的。即便是在沒有風的天氣裡，騎著摩托車以每小時 100 公里的速度前進的話，也會感受到迎面吹來的風十分強烈。

　　其次，即便我們能升到大氣的最高層，或者地球沒有被大氣環繞，我們都不能採用這位法國諷刺小說家的方式來旅行。實際上，當我們離開旋轉著的地球表面時，在慣性的作用下，我們還是在隨著地球以地面的速度前進。因此，當我們降落的時候，我們仍舊會落

在出發的地方，這和我們在奔馳的火車上往上跳而仍然會落在原地是一樣的。沒錯，我們會由於慣性而沿著切線做直線運動，但是我們腳下的地球依舊在做弧線運動；不過在極其短暫的時間裡，這並不會改變事情的本質。

☎ *1.2* 地球，停下來！

英國作家威爾斯寫過一篇幻想小說，講述的是一位辦事員創造奇蹟的故事。這位不太聰明的年輕人具有一種天生的奇特本領：他只要說出某個願望，這個願望就會馬上實現。但是，這項特殊的技能給他本人和其他人所帶來的都只有不便。這個故事的結局對我們來說具有一定的教育意義。

在一次很漫長的夜宴結束之後，這位神奇的辦事員生怕自己凌晨才能回到家，於是就想使用自己的天賦來延長黑夜。怎麼辦呢？這需要命令所有的天體停止運動，但這位辦事員並沒有馬上就下定決心做這件非凡的事情。這時他的一位朋友建議他將月亮停下來時，他仔細地看著月亮，若有所思地說：「讓月亮停下來？我覺得月亮離我們太遠了……，你認為呢？」

他的朋友美迪格說：「為什麼不試試呢？月亮當然是不會停下來的，你只要叫地球停止轉動就是了。但願這不會對任何人產生危害！」

「唔……。」這位叫福鐵林的辦事員說：「好吧，我試試看。」

他用發出命令的姿勢，伸出雙手，嚴肅地喊道：「地球，停下來！不准轉動！」他的話剛一出口，他跟他的朋友就已經以每分鐘幾十英里的速度飛到空中去了。

　　儘管如此，他依舊還可以思考。不到一分鐘，他想出了一個關於自己的新願望：「無論如何，讓我完好無損地活著。」不能不承認，這個願望來得太及時了。

　　過了幾秒鐘，他就降落到一處好像剛剛爆炸過的地面上，周圍不斷地飛過一些石塊和倒塌的建築物碎片以及各種金屬製品，但都沒有撞到他；一頭牛飛過，落在地面上摔得粉碎；風可怕地咆哮著，他甚至沒辦法抬頭看看周圍的景象。

　　「真是無法理解……。」他繼續高聲叫道：「這到底怎麼回事？怎麼起狂風了？不會是我做了什麼事情引起的吧？」

　　在狂風裡他透過衣襟飄動的縫隙觀望了一下四周，繼續說道：「天上的一切似乎都正常啊。月亮還在那裡呢，可其他的呢？城市去哪裡了？房子和街道呢？這是從哪裡吹來的風？我並沒有下命令要颳風啊。」

　　福鐵林試著要站起來，但辦不到，只好用雙手抓住石塊和土堆往前爬。然而已無處可去了，因為他看見周圍已是一片廢墟。

　　「肯定是宇宙中有什麼東西被嚴重毀損了。」他想，「到底是什麼呢？不知道。」

　　事實上，一切都毀損了，房屋、樹木都見不到了，也見不到任何生物。只有亂七八糟的廢墟和各種各樣散落在四周的碎片，在塵埃蔽天的狂風裡，勉強才能看得清。

　　這位肇事者顯然還不知道發生了什麼事情，但事情卻很簡單。福鐵林叫地球馬上停下來的時候，並沒有考慮到慣性。慣性作用在圓周運動突然停止的時候，不可避免地會把地球上的一切東西都拋出去。這就是為什麼房屋、人和樹木以及牲畜 —— 一切跟地球本身沒有固定連繫的物體，都沿著地面以槍彈般的速度沿切線飛出去了。當所有這一切再次落回地面的時候，都已經成了碎片。

福鐵林明白，他創造的奇蹟並沒有成功，他被深深的厭惡感包圍，下定決心再也不創造奇蹟了。但首先得把造成的災害補救回來！這場災難可真不小：狂風肆虐，塵土遮蔽了月亮，遠處還傳來洪水咆哮的聲音。福鐵林看到，閃電光照下有一堵水牆，這水牆以驚人的速度朝他躺著的地方奔湧而來。他一下子下定了決心：「停下來，不准再往前一步！」他對著水高喊，然後他又向雷電和風下了同樣的命令。

他蹲下來，陷入了沉思。「最好不要再出現這種亂子了。」他想了想，說道：「第一，如果我即將說的話會應驗的話，就讓我不再擁有這種創造奇蹟的能力吧！我以後要做一個普通人，我不需要奇蹟。這玩意太恐怖了。第二，讓一切都恢復原狀吧！城市、人們、房屋和我自己，都回到以前的模樣吧！」

❀ 1.3　一封飛機上的來信

假設你坐在一架快速飛行的飛機上，下面是你熟悉的地方，現在飛機即將飛過你的一位朋友的住宅。你腦中閃過一個念頭：「應該和他打個招呼。」於是你快速在便條上寫了幾句話，並將便條繫在一個重物上。等到飛機飛到朋友住宅上空，你將這一重物拋擲出去。

當然你會滿懷信心地認為，重物會掉落到朋友的花園裡。然而，花園和住宅雖都正好位於正下方，但是重物卻並不會掉落在你所期望的地方。

如果觀察這一重物落下的位置，你會看到一個奇怪的現象：重物在往下落，但依舊是位於飛機下方，它似乎被一根看不見的線繫在了飛機上。重物到達地面的時候，會落在離你預定地方的很遠的前方。

　　在這裡起作用的，還是那個妨礙著我們使用貝爾熱拉克所建議的方法去旅行的慣性定律。當重物位於飛機內的時候，它會和飛機一起前進，而當它離開飛機往下掉的時候，它其實並沒有喪失原來的速度。所以，它在落下的同時，還是會向原來的方向繼續前進。這裡存在著兩種運動，一種是垂直的，一種是平行的；這兩種運動合在一起，就使得重物始終留在飛機下方，並沿著一條曲線往下落（當然，我們說的是飛機本身的飛行方向和速度都不改變的情況）。實際上，這個重物就如同水平拋出去的物體一樣，總是沿著一條弧線往下落到地面，如同從一把水平的槍射出去的槍彈一樣。

　　但是我們應當注意到，上述一切在沒有空氣阻力存在的情況下是完全正確的。但事實上，空氣的阻力會阻礙重物的垂直和水平運動。因此，該重物並不會永遠位於飛機的正下方，而是會稍微落在飛機之後一點點。

　　如果飛機飛得很高很快的話，重物偏離的垂直線就會更明顯。沒有風的時候，飛機在 1000 公尺的高空以每小時 100 公里的速度飛行，從飛機上落下來的重物，會落在垂直落下的地點前面大約 400 公尺的地方（圖 2）。

　　如果忽略空氣阻力的話，計算就很簡單。根據等加速度公式 $S = \dfrac{1}{2} g t^2$，可得 $t = \sqrt{\dfrac{2S}{g}}$。

　　也就是說，重物從 1000 公尺高空落下的時間是

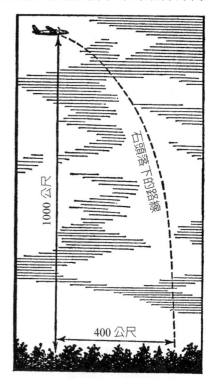

圖 2　從正在飛行的飛機上落下的石頭，並不是垂直而是沿著一條曲線落下來

$\sqrt{\dfrac{2 \times 1000}{9.8}} = 14$ 秒。在這段時間內，重物的速度是每小時 100 公里，它在水平方向移動的距

離是 $\dfrac{100000}{3600} \times 14 = 390$ 公尺。

∞ 1.4 投彈

上述內容表明，空軍投彈手要把炸彈投擲在指定的地方並非一件簡單的事情：他不僅需要考慮飛機的速度，還需要考慮炸彈落下時的空氣條件和風速。圖 3 顯示的是飛機投下的炸彈在不同的條件下所走的不同的軌跡，如果沒有風，投擲的炸彈會沿著曲線 *AF* 前進；順風的時候，炸彈會被往前吹，因此沿著曲線 *AG* 前進。在不大的逆風條件下，如果大氣的上下層風向一致的話，炸彈會沿著曲線 *AD* 下落；如果上下層的風向相反（上層逆風，下層順風），炸彈落下的軌跡就會是 *AE*。

∞ 1.5 不需要停車的鐵路

如果你站在火車站靜止的月台上，有一列快車從月台前開過，這時候若想要跳上車去，顯然不是一件容易的事情。但假設你腳下的月台和火車以同樣的速度向同一個方向行駛，這樣的話，想跳上車還會很困難嗎？

一點也不困難！此時你將會像走進一列靜止的火車那樣平穩。一旦你和火車是以同樣的速度向同一個方向行駛，火車對你來講就是靜止不動的。當然，火車的車輪是有在轉

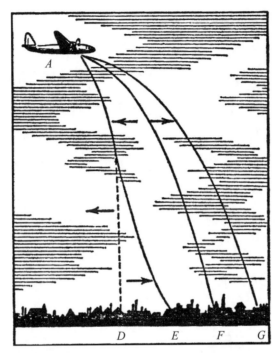

圖 3　從飛機上投下的炸彈所走的路線：沒有風的天氣時為 *AF*；順風的時候為 *AG*；逆風的時候為 *AD*；上面逆風，下面順風的時候為 *AE*

動，但是你會覺得它們是在原地轉動。嚴格來說，所有那些平常看起來靜止不動的物體，比如說停靠在火車站的火車，實際上都在和我們一起繞著地球的軸以及太陽運動。但因為這些運動並沒有對我們造成影響，所以我們不會去理會它們。

　　因此，我們可以造出這樣的火車，讓它在經過月台的時候不用減速就可以將旅客運走。展覽會上經常會有這樣的裝置，以便讓參觀者可以快速地欣賞陳列在會場的展品。展

場的各個端點被一條如同沒有盡頭的鐵道連接在一起，旅客可以在任何時間、任何地點上下正在全速行駛中的火車。

這種有趣的構造可見附圖。圖 4 中 *A* 和 *B* 表示的是展場兩頭的車站。每一站中央都有一塊不會移動的圓形平台（乘客上下火車的月台），平台外圍有一個大轉盤。轉盤周圍是一圈鏈索，鏈索上掛著車廂。現在我們來觀察一下，當轉盤轉動的時候會有什麼情況發生。車廂會繞著轉盤轉動，其速度和轉盤周圍的速度一樣，所以旅客可以毫無危險地從轉盤進入車廂或者從車廂出來。從車廂出來之後，乘客可以向轉盤中心走去，直到到達那塊不動的平台。從轉盤的內緣到達那塊不動的平台並不難，因為這裡圓的半徑很小，所以圓周速度也很小[2]。到達不動的平台之後，旅客只需要走過橋，就出站了。

火車如果不需要經常停靠月台的話，就可以節省很多時間和能源。比如說，城市中的

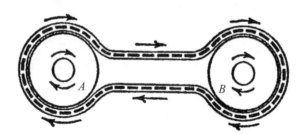

圖 4 　*A*、*B* 兩站之間不需要停車的鐵路構造（車站構造可見圖 5）

2　不難理解，轉盤轉動的時候，它的內部邊緣上的各點會比外緣各點慢很多，因為在同樣的時間內，內緣各點所走的圓周路線要短很多。

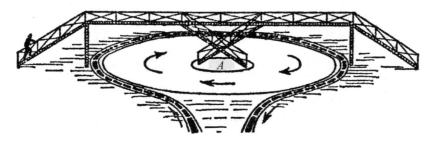

圖 5　不需要停車的鐵路上的車站

火車絕大部分時間和大約 $\frac{2}{3}$ 的能量都消耗在它離站時的加速和停車前的減速上了[3]。

　　火車站即便不使用特別的活動月台，也可以讓旅客在火車維持全速時上下車。設想一下，有一列快車從一個普通的（不動的）車站邊經過，我們希望在它不停下來的情況下能將站上的旅客帶走。假設這些旅客都在另一列並行的火車上，現在啟動這列火車，使它的速度跟上前一列火車。這樣，當兩列火車並排前進的時候，它們彼此都是相對靜止的。這時候只需要在兩列火車之間搭一個橋梁，將它們的車廂連接起來，旅客就可以從一列火車走到另一列火車上。大家可以發現，此時車站就是多餘的了。

3　剎車時的能量損失其實是可以避免的，只需要在剎車的時候改接車上的電動機，使它們像發電機那樣工作，如此就可以把電流還給電網。這樣的話，火車開動時消耗的能量就可以減少到原來的 30%。

○3 *1.6* 活動的人行道

　　另外還有一種設備也是根據相對運動的原理來製造的，就是所謂「活動的人行道」。
這種人行道最早出現在 1893 年美國芝加哥的一次展覽會上，後來在 1900 年在巴黎世界博
覽會上也出現過。圖 6 就是這種設備的構造圖，大家可以看到五條環形的人行道，它們一
環套一環，各自在不同的機械裝置作用下以不同的速度運行。

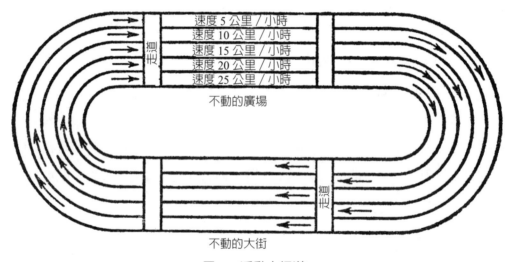

圖 6　活動人行道

　　最外面的一環速度相當慢，每小時只有 5 公里，這是一個人步行的正常速度，要進入
到這一緩慢運行的人行道上並不難。緊挨這個人行道的是第二環，以每小時 10 公里的速度
運行，從靜止的街道上跳入這樣的人行道當然是很危險的，但是從第一條人行道進入這一

環卻不大費勁。實際上，相對於以每小時 5 公里的速度運行的第一條人行道來說，這第二條人行道的運行速度也只不過是每小時 5 公里。這意味著，從第一條人行道進入第二條，和從地面上進入第一條一樣容易。第三條人行道的速度是每小時 15 公里，當然，從第二條上跨過去也不是難事；同樣，從第三條人行道進入速度為每小時 20 公里的第四條也很容易。以此類推，第五條人行道就會把乘客帶到他需要去的地方了。最後，乘客還可以從內往外回到靜止不動的地面上來。

∞ *1.7*　一條難懂的定律

　　力學三定律中最難懂的恐怕要算著名的「牛頓第三定律」——作用與反作用定律了。這條定律大家都知道，並且在某些條件下也可以正確運用這一定律。但是卻很少有人完全明白它的意義。也許讀者中有人一下就理解了它，但是我得承認，我在知道這一條定律之後過了十幾年才完全掌握它。

　　我和很多人討論過這條定律，並且不止一次地確認，大部分的人對這條定律的正確性是有所保留的。他們承認，對靜止不動的物體來講，這條定律是正確的，但就是弄不明白怎麼樣將這套定律運用在運動著的物體的相互作用上去。該定律說，作用永遠等於反方向的反作用；也就是說，如果一匹馬拉著一輛馬車，而這輛馬車也以同樣的力向後拉著這匹馬；如此一來，馬車和馬就應當停在原地靜止不動，可是為什麼馬車和馬卻在前進呢？如果這兩個力是相等的，為什麼它們不會彼此抵消呢？

　　這條定律讓人無法理解的地方就在這裡，難道這條定律是錯誤的嗎？不是，定律當然

是對的，只是我們沒有正確理解它。這兩個力之所以沒有相互抵消，是因為它們屬於不同的物體：一個屬於馬車，一個屬於馬。這兩個力是相等的沒錯，但難道能說相等的力永遠會產生相同的效果嗎？難道相等的力會使任何物體都產生一樣的加速度嗎？難道說力對物體的作用和物體本身、物體的「抵抗力」大小沒有關係嗎？

如果有想到了這一點，就不難明白，為什麼馬車雖然以同樣大小的力拉著馬，馬卻依舊拉著馬車前進了。作用於馬和馬車的力，在每一時刻都是相等的，但是由於馬車有車輪，可以自由移動，而馬只是站在地上，因此，馬車就隨著馬移動了。如果馬車沒有給予馬同樣的作用力的話，馬車就有可能在沒有馬的情況下，只需要很小的力的作用就可以前進了。事實上，馬的作用就是用來克服馬車的反作用力。

如果把這條定律所常用的簡短形式「作用等於反作用」改成「作用力等於反作用力」的話，可能會更好理解一些。要知道此處相等的只是力，至於作用（就像平常所理解的那樣，「力的作用」是指物體位置的移動），因為受力的物體不同，通常的情況下是不會相同的。

北極冰擠壓「切柳斯金號」船身也是同樣的道理：船身給予冰塊的反作用力也是同樣大小。災難之所以會發生，是因為強大的冰體頂住了來自船身的壓力，因而冰體沒有損壞；但是船身雖然是金屬製，卻不是實心的，所以沒能承受住來自冰塊的壓力，因而船身被壓壞了。

物體的落下也同樣遵循作用與反作用定律。蘋果掉到地上是因為受到地球的吸引力，但是蘋果也以同樣大小的力吸引著地球；嚴格來講，蘋果和地球是相互向對方掉落，但是掉落的速度是不一樣的。大小相等的相互作用力給予蘋果的加速度是每秒鐘近 10 公尺，但

地球獲得的加速度呢？它的質量是蘋果的多少倍，就獲得蘋果得到的加速度的幾分之一。當然，地球的質量是蘋果的無數倍，也就因為地球向蘋果移動的距離小到不能再小，實際上只能算作是零。因此我們會說蘋果掉到地上，而不是說「蘋果和地球相互向對方掉落」[4]。

ᘓ*1.8*　大力士斯維亞托戈爾是怎麼死的？

　　大家記得大力士斯維亞托戈爾想舉起地球的那首民謠嗎？如果傳說可靠的話，阿基米德也曾經準備做同樣的事情，他只需要為他的槓桿找到一個支點就可以了。但是斯維亞托戈爾力大無窮卻沒有槓桿，他只想找一個可以抓住的東西，讓他那有力的手有地方施力。「只要有地方可以施力，我可以舉起整個地球。」事也湊巧，這位大力士在地上找到了一個「小鏈條」，它很牢固，不會鬆、轉動，或是被拔出來。

　　斯維亞托戈爾跳下馬，

　　雙手抓住小鏈條，

　　把小鏈條提得高過了膝蓋：

　　他就齊膝蓋陷到地裡面。

　　他蒼白的臉上沒有淚，卻流著血。

　　斯維亞托戈爾陷在那裡，再也起不來，

　　他的一生就此完結。

4　關於反作用定律，可參考《趣味力學》第一章。

要是斯維亞托戈爾知道這條作用與反作用定律的話，他也許會想到，他大力士般的力氣作用到地球之後會引起同樣大小的反作用力，而這個反作用力會把他自己拉到地裡面去。

不管怎樣，從這首民謠可以看出，在牛頓的不朽名著《自然哲學的數學原理》（當時的「自然哲學」指的就是物理學）發表之前很久，人們就已經在不自覺地在運用反作用定律了。

∞ *1.9*　沒有支撐物可以運動嗎？

走路的時候，我們用腳蹬地面或者地板；但是如果地板非常光滑，或者是在冰上，那就無法蹬腳，也無法走路了。火車前進的時候是用它的主動輪推著鐵軌，如果鐵軌上塗了油，火車就只能停在原地了。有時候（比如說結冰了）為了使火車能夠開動，就需要使用特別的裝置 —— 在火車主動輪前面的鐵軌上撒上細沙。剛開始有鐵路的時候，車輪和鐵軌上都是有齒的，這是因為當時的人們認為，車輪必須推開軌道才能前行；輪船是用推進器的螺旋槳來推開水的；飛機是用螺旋槳推開空氣的。總之，物體不論在哪種介質中運動，都需要這種介質的支撐才行，那如果沒有了支撐物，物體能不能運動呢？

要做這種運動，就如同想抓住自己的頭髮把自己提起來那樣困難，這樣的事情只有閔希豪生男爵[5] 曾經嘗試過。但是，這表面上看起來不可能的運動卻時常在我們眼前發生。不錯，物體雖然不能完全依靠自身內部的力量讓自己整個向前運動，但是它可以讓自己的

5　閔希豪生男爵是世界名著《吹牛大王歷險記》中的主人公。

一部分向一個方向運動，其餘的部分同時向相反的方向運動。大家多次見到過飛行中的火箭，可是各位想過這個問題嗎 ——「為什麼火箭會飛？」火箭恰好就是一個很好的例子，可以用來說明我們現在講到的這種運動。

∽ 1.10　為什麼火箭會飛？

甚至連研究物理學的人，有時候也會對火箭的飛行做出不正確的解釋：他們認為，火箭之所以會飛，是因為利用它內部燃燒的火藥所產生的氣體來推動空氣實現飛行的，以前的人也是這麼想的（火箭很早就發明了）。但是如果把火箭放在沒有空氣的空間裡，它甚至比在空氣中還要飛得出色一些。火箭飛行的原因完全是另一回事。三·一刺客成員[6]之一的基巴厘契奇，在他臨死前的一本關於發明飛行器的筆記裡清楚明白的記述：

做一個一端封閉另一端開放的鐵製圓筒，用壓縮的火藥將敞口的一端緊緊地塞上。這塊火藥的中間是一條類似管道式的空間。火藥從管道的內表面開始燃燒，並在某個確定的時間裡擴散到這塊壓縮火藥的外表面，伴隨著氣體的燃燒產生了朝向各個方向的壓力。氣體向兩側的壓力可以實現互相平衡，但是朝向鐵製圓筒底部的壓力沒有遇到與它對抗的力（因為在反方向上是敞口的）。就是這個朝向底部的力推動著火箭前進。

發射炮彈的時候的情形也是一樣的。炮彈向前飛，而炮身向後退。大家可以想像一下

6　指 1881 年 3 月 1 日炸死亞歷山大二世事件的俄國民意黨參與者。

手槍和各種火器在發射時的「後座力」。如果大炮懸在空中沒有支點的話，炮身在射擊之後就會向後運動，它的速度和炮彈前進的速度之比，等於炮彈的重量和大炮重量之比。儒勒·凡爾納的幻想小說《扭轉乾坤》中的主人公甚至還想利用大炮的強大後座力來完成一項偉大的事業 —— 把地軸扶正！

火箭也如同一門大炮，不過它射出的不是炮彈而是火藥的氣體。「中國輪轉焰火」也是基於同樣的原理旋轉上升的，輪子上裝有一根火藥管，當管內的火藥著火的時候，氣體從一個方向衝出，火藥管和跟它連在一起的輪子就向相反的方向運動。事實上，這只是大家所知道的物理儀器西格納爾輪的一個變種而已。

有趣的是，在蒸汽機發明以前，曾經有過一種機械船的設計，也是根據這一原理。這種機械船船尾裝有很強大的壓水泵，能夠把船裡的水壓向船外，因此船就會向前運行，這和中學物理實驗室裡用來證明上述這條原理的浮在水面的鐵罐是一樣的。這種機械船的設計沒有被實際應用過，但是它卻對輪船的發明起了很大的作用，因為它向富爾頓提供了靈感。

我們還知道，最早的蒸汽機是由西元前 2 世紀的希羅所製造的，也是基於同樣的原理。如圖 7 所示：蒸汽從汽鍋 D 通過管道 abc 進入一個安裝在水平軸上的球裡面；然後蒸汽再從兩個曲柄管衝出，

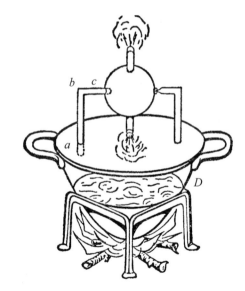

圖 7 最早的蒸汽機（渦輪機），為西元前 2 世紀由希羅所發明

推動管子向相反方向運動，這樣球就開始轉動。遺憾的是，希羅的蒸汽機在古代只能算是一種有趣的玩具，因爲當時奴隸勞動的代價很低，人們就不會想到使用機器。但是這個原理並沒有被拋棄──現在我們正是利用這一原理來建造反動式渦輪機。

　　作用與反作用定律的作者牛頓，也根據這個原理設計了一輛最早的蒸汽汽車。從安裝在車輪上的汽鍋中冒出的蒸汽向一個方向噴出，而汽鍋本身卻在反衝作用下向相反的方向運動（圖 8）。

　　有興趣的讀者，可以依照圖 9 的方法做一艘小船，這艘船和牛頓的汽車很相似：在一個由空蛋殼做的汽鍋下面放一個頂針，頂針裡放上一塊浸了酒精的棉花，棉花被點燃以後，汽鍋裡就會出現蒸汽。這股蒸汽會向一個方向衝出，這樣就會推動小船向相反的方向前進。不過，這個具有教育意義的玩具可需要有一雙靈巧的手才能做成。

圖 8　牛頓發明的蒸汽汽車，噴氣式汽車就是牛頓汽車的現代形式

圖9　用紙片和蛋殼做的玩具船，燃料是注入頂針的酒精，從蛋殼做成的汽鍋裡沖出來的蒸汽，能讓
　　　這艘小船向相反的方向前進

○8 1.11　烏賊是怎麼運動的？

　　大家聽到以下事實一定會覺得奇怪：世界上有不少的動物，對牠們來講，「抓住自己的頭髮把自己提起來」是牠們在水中運動的一種方法。

　　烏賊和大多數足類軟體動物在水裡就是這樣運動的：經過身體側面的孔和前面的特別漏斗，牠們把水吸進鰓腔，然後經過漏斗把水壓出體外；按照反作用定律，牠們就得到了相反的推力，使牠們能從後面推動身體很快向前游去。烏賊可以讓牠的漏斗管指向旁邊或者後方，然後用力從裡面壓出水來，使自己可以隨便向任何方向運動（圖10）。

　　水母的運動也是基於同樣的原理：牠們收縮肌肉，把水從自己鐘形的身體下面排出來，

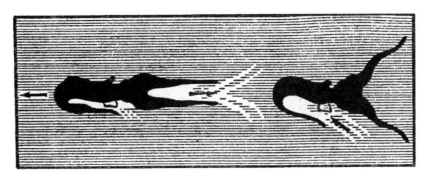

圖 10　烏賊在游水

這樣就能得到一種反方向的推力。蜻蜓的幼蟲和其他水中的動物，也都是用類似的方法在水中前進的。

☯ 1.12　乘著火箭去星球

有什麼比離開地球到無邊無際的宇宙去旅行（從地球飛向月球，從一個行星飛到另一個行星）更具有誘惑力呢？就這個題材寫成的科幻小說簡直不計其數！多少人用漫遊宇宙空間的想像使我們著迷！伏爾泰的《小麥加》、儒勒·凡爾納的《炮彈奔月記》和《赫克托·塞爾瓦達克》、威爾斯的《第一批登上月球的人》以及他們眾多的模仿者，不知寫了多少有趣的宇宙旅行！不過，這些旅行都是在幻想中進行的。

難道這個久遠的夢想就沒有實現的可能嗎？難道小說中那些引人入勝的聰明幻想，現實上都是無法實現的嗎？後面我們會講到關於星際旅行的一些設想。現在我們先來認識一

下俄羅斯著名的科學家齊奧爾科夫斯基有關太空船的設計吧！

能不能坐飛機去月球呢？當然不能。飛機和飛艇之所以能飛行，是因為有空氣的支撐，它們將空氣推開而前進。但是地球和月亮之間是沒有空氣的，事實上，在宇宙空間中沒有足夠密實的介質可以支撐星際飛船（圖 11），所以必須設計出一種不需要任何支撐物就能運行和駕駛的飛行設備。

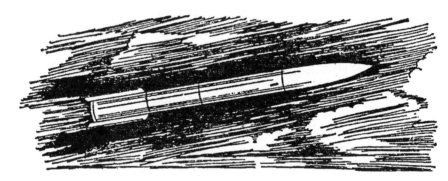

圖 11　構造類似火箭的星際飛船

我們已經熟悉了類似炮彈的玩具 —— 火箭，那麼，為什麼不製造一個巨大的火箭，使裡面有能容納人、食物、氧氣筒以及各種必需品的空間呢？這樣就會得到一個真正可以操控的太空船，可以乘坐這艘太空船在宇宙空間遨遊，飛達月球、行星上去。駕駛者可以控制住氣體的爆炸力，逐漸加大太空船的速度，使速度的增加對他們無害；只要調轉太空船，逐漸減小速度，他們就會在想要去的行星上慢慢降落；最後，他們還能採用同樣的方法返回地球。

　　現在我們的飛機已經能夠飛入高空，飛越高山、沙漠、大陸和海洋。那麼再過幾十年，星際航行能否同樣蓬勃發展呢？也許那時候，人們就會掙脫地球上曾經束縛他們的那條無形的鎖鏈，飛入廣闊無邊的宇宙空間了。

第 **2** 章

力、功、摩擦

Physics

∞ *2.1* 一道關於天鵝、龍蝦和狗魚的習題

大家都知道「天鵝、龍蝦和狗魚拉一車貨物」的寓言。但是如果從力學的角度來看待這個問題，就會得出跟寓言作者克雷洛夫完全不同的結論。

我們需要解決的是力學上幾個互成角度的力的合成問題。根據這個寓言，這幾個力的方向是（如圖12）：

天鵝衝向雲霄，

龍蝦往後退，

狗魚向水裡拉。

這就是說，第一個力是天鵝的拉力 —— 向上；第二個力是狗魚的拉力（$\overline{OB}$）—— 向旁邊；第三個力是龍蝦的拉力（$\overline{OC}$）—— 往後。但我們不要忘記了，還有第四個力 —— 貨物的重力，方向垂直向下。寓言中說道：「貨車還在原處。」換句話說，就是作用在貨物上的這幾個力的合力為零。

是這樣嗎？我們來看看。衝向雲霄的天鵝，不但不會妨礙龍蝦和狗魚的工作，還會幫助牠們，因為天鵝的拉力是跟重力方向相反，這樣就減小了車輪跟地面和車軸的摩擦，所以貨車的重量減少了，甚至完全抵消了貨車的重量 —— 要知道貨車並不重（寓言裡有句話：「對牠們來說，貨車是很輕的。」）。為了簡單起見，我們假設貨車的重量被天鵝的拉力抵消了，只剩下兩個力 —— 龍蝦和狗魚的拉力。這兩個力的方向，寓言裡是這麼說的：「龍

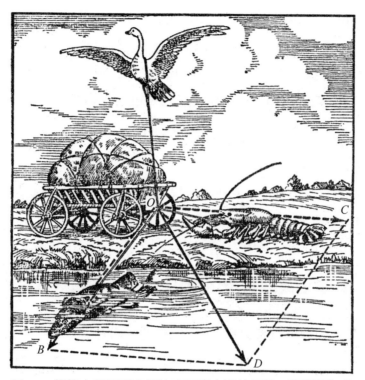

圖 12　根據力學原理來解決克雷洛夫關於天鵝、龍蝦和狗魚
的問題，合力（$\overline{OD}$）應當會將貨車拉下水去

蝦往後退，狗魚向水裡拉。」顯然，水不一定在貨車的前面，而是在它的側面（克雷洛夫寓
言中的這幾個勞動者當然不希望把貨車拉到水裡去）。這就是說，龍蝦和狗魚的力是彼此呈
角度的。如果牠們之間所呈的角不是 $180°$，那麼牠們的合力就不可能爲零。

　　按照力學原理，我們用 $\overline{OB}$ 和 $\overline{OC}$ 這兩個力爲邊，來畫一個平行四邊形，四邊形的對角
線 $\overline{OD}$ 代表合力的方向和大小。顯然，這個合力應該能夠拉動貨車，而在貨車的全部或者部

分重量因天鵝的拉力而減小的時候，就更容易拉動了。另外一個問題是：貨車向哪個方向移動？向前、向後，還是向旁邊？這取決於這幾個力的相互關係和它們之間所呈的角度大小。

讀者如果知道一點力的合成和分解概念的話，就會很容易看得出：即便天鵝的拉力和貨車的重量不能抵消，貨車也不會在原地靜止不動；只有當車輪和車軸跟地面的摩擦力比合力大的時候，貨車才不會移動。但是這和寓言所述：「對牠們來說，貨車是很輕的。」不相符合。

但無論如何，克雷洛夫都不能肯定地說：「貨車一點都沒有動。」或者「貨車還在原處。」然而，這並不會改變這則寓言的寓意。

○₃ 2.2　跟克雷洛夫的看法相反

我們剛才見識了克雷洛夫的處世箴言：「夥伴間意見如果不一致的話，將會一事無成。」但是這則箴言並不適用於力學上的所有情況。幾個力也許並不是同一個方向，但是依舊可以產生一定的效果。

克雷洛夫曾經將螞蟻比作模範工作者。但是很少有人知道，這些勤勞的螞蟻，正是按照這位寓言作家嘲笑的方式協力工作的，而牠們的工作卻通常都是能順利進行的，這正是力的合成規律在起作用。仔細觀察正在工作的螞蟻，大家就會得出結論：事實上每隻螞蟻都是在自顧自地工作，牠們並沒有考慮要幫助別的同伴。

一位動物學者是這樣描述螞蟻的工作：

如果幾十隻螞蟻在一條平坦的大道上拉一個龐大的捕獲物，那麼，所有的螞蟻都一樣地用力，看起來牠們是在協力工作著。但是當這個捕獲物（比如說毛毛蟲）遇到一個障礙物（草根或者小石子）而不能往前拉，需要繞彎的時候，就可以明顯地看出，每一隻螞蟻都是自顧自地拉，而不是和同伴協調著一起來越過這個障礙物（圖 13 和圖 14）。一隻螞蟻向左拉，一隻螞蟻向右拉，一隻螞蟻向前拉，一隻螞蟻向後拉；牠們更換著位置咬著毛毛蟲的身體，每一隻螞蟻都按照自己的意思或推或拉。有時候會有這樣的情況：四隻螞蟻推著毛毛蟲向一個方向前進，六隻螞蟻朝另一個方向前進，結果毛毛蟲就向著六隻螞蟻的方向前進了。

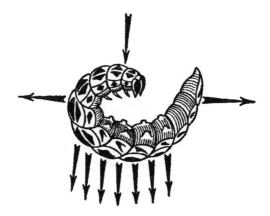

圖 13　螞蟻是如何拉毛毛蟲的

我們用另外一個例子來說明螞蟻之間的假合作。圖 15 中畫的是一塊長方形的乾乳酪，25 隻螞蟻咬著這塊乳酪。乳酪慢慢沿著箭頭 A 的方向移動。我們當然可以認為，前面一排螞蟻是在拉，後面一排是在推，兩旁的螞蟻都在幫助前後的螞蟻。但事實並不是這樣的，

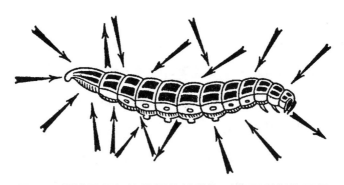

圖 14　螞蟻是如何拉牠們的捕獲物（箭頭所指的是各
　　　　隻螞蟻用力的方向）

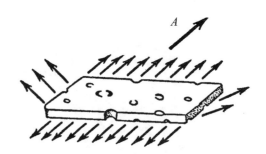

圖 15　一群螞蟻如何把一塊乾乳酪沿著箭
　　　　頭 *A* 所指方向拖向蟻穴

如果用小刀把後面那排螞蟻隔開，這時乳酪就會移動得更快，因爲後面的螞蟻不是在向前推，而是在往後拉，想把乳酪拉到洞裡去。由此可見，牠們不但沒有幫助前排的螞蟻，反而阻礙了牠們，抵消牠們的力量。搬運這塊乳酪，其實只需要 4 隻螞蟻就可以了，但是由於牠們的動作不一致，因此需要 25 隻螞蟻才能將乳酪搬回洞裡去。

讓人吃驚的是，對螞蟻的這種工作特徵，馬克·吐溫早就注意到了，他講過一個關於兩隻螞蟻的故事：有兩隻螞蟻找到了一條蚱蜢腿，「牠們各自咬著腿的一端，用盡全力向相反的方向拉。兩隻螞蟻都似乎看出有些不對勁，但不知道發生了什麼事情。於是牠們就爭吵甚至打起架來 …… 後來牠們和解了，重新開始這項毫無意義的工作。但這時候那隻打架時受傷的螞蟻卻成了一個累贅，而牠不肯放棄這個捕獲物，就掛在它上面。那隻健壯的螞蟻用盡全力才把食物拉回洞穴。」馬克·吐溫由此提出了一個正確的意見：「只有在光會做不可靠結論、沒有經驗的博物學家眼裡，螞蟻才是好的工作者。」

∞2.3 蛋殼容易破碎嗎？

小說《死魂靈》中，深謀遠慮的基法·莫基耶維奇絞盡腦汁考慮的哲學問題中有一個是這樣的：「哼！如果大象是卵生的話，那蛋殼應該會厚到沒有什麼炮彈能打碎吧！唉，現在應該發明出一種新式的武器了。」

果戈里小說中的這位哲學家，如果知道普通的蛋殼雖然很薄，但是也不是什麼脆弱的東西，一定會非常吃驚。試著把雞蛋放在兩手的掌心之間，用力擠壓它的兩端，會發現想要這樣把它壓碎並非容易的事，用這種方法壓碎蛋殼，可是需要不小的力氣的（圖 16）。

蛋殼之所以特別堅固，是因為它的形狀是凸出的，

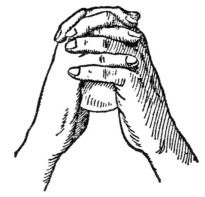

圖 16　用這種方式壓破雞蛋，需要很大的力氣

各種穹窿和拱門之所以很堅固，也是同樣的道理。

圖 17 畫的是一個窗頂上的小型石拱門。重物 S（窗頂上磚牆的重量）向下施加壓力，這個力作用在拱門中心那塊楔形的石頭 M 上，圖中用箭頭 A 表示。由於石頭是楔形的，所以不會往下掉 —— 它壓在旁邊的兩塊石頭上。因此此時的力 A 根據平行四邊形規則可分解成爲兩個力（C 和 B），這兩個力被相鄰的兩塊石頭的阻力所平衡。這樣的話，由外向內壓向拱門的力，就不會把拱門壓壞；但是，如果從內部施加壓力，拱門就容易被破壞。這一點很容易理解，因爲石塊的楔形雖然會阻止它自身下落，但並不會妨礙它上升。

圖 17　拱門堅固的原因

蛋殼也是這樣的拱門，只不過是整塊的。蛋殼雖然很脆，但是受到外來壓力的時候卻不會那麼容易就破碎。把一張有相當重量的桌子四隻桌腳放在四個生雞蛋上，蛋殼也不會破裂（這個實驗為了使雞蛋能立起來，並增加它們的受壓面積，需要用石膏加寬雞蛋的兩端——石膏是很容易黏附在蛋殼上的）。

現在大家就明白了，為何母雞不擔心自己的重量會壓破雞蛋，而弱小的雛雞卻可以用小嘴在蛋殼裡面啄幾下就掙脫這個天然的牢籠。

用茶匙從側面敲擊雞蛋，很容易就能將其敲碎，因此我們可以料想，蛋殼在天然條件下承受的壓力有多大，大自然用來保護正在發育的小生命的盔甲是多麼的堅固。

表面上看起來極其單薄和脆弱的電燈泡，實際上也很堅固，道理和雞蛋的堅固是一樣的。然而，燈泡的堅固性還要更驚人，許多燈泡裡面幾乎是全空的，裡面沒有任何物質來抵抗外面空氣的壓力。空氣施加給燈泡的壓力並不小：直徑 10 公分的燈泡兩面所受的壓力在 75 公斤以上（一個人的重量）。實驗證明，真空燈泡能承受的壓力是這個壓力的 2.5 倍。

◌ 2.4　逆風而行的船隻

很難想像帆船是如何逆風而行的。不錯，水手們會說，正面迎風駕船是不可能的，只有在船帆和風呈一定角度時，船隻才能前進，但是這個角度很小——大約只有直角的 $\frac{1}{4}$。然而，無論是迎著風還是呈 22° 的角，都是同樣難以理解。

事實上，這兩種情況並非沒有區別。現在我們就來解釋，帆船在和風呈一定角度的時

候是如何前行的。先來看看風一般是如何對船帆起作用，也就是說，風吹向船帆的時候，是如何推動船帆的。大家也許會認為，風就是推動著船隻往風吹的方向前進，但事實並非如此，無論風往哪個方向吹，它總會產生一個垂直於帆面的力，這個力推動著帆船前進。假設圖 18 箭頭所指的方向是風吹的方向，$\overline{AB}$ 表示的是船帆。

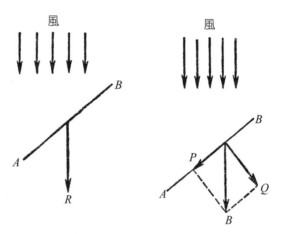

圖 18　風總是順著垂直於帆面的方向推動帆船

　　由於風力是平均分配在整個船帆上的，所以我們可以用 R 來表示風的壓力。這個壓力作用在船帆的中心。我們將這個壓力分解成兩個力：跟帆面垂直的 Q 和跟帆面平行的 P（圖18 右圖），力 P 並不會推動船帆，因為風跟帆面的摩擦太小。現在就剩下力 Q，它順著垂直於帆面的方向推動著船帆。

　　知道這一點之後，我們很容易就可以明白，為什麼帆船能夠在跟風向呈一個銳角的情況下逆風而行了。假設圖 19 中的 $\overline{KK}$ 表示的是帆船的龍骨線，風按照箭頭所指的方向呈銳

角吹向這條線。$\overline{AB}$ 代表帆面，我們將它擺在這樣的位置：使帆面剛好平分龍骨和風向之間的角。我們來觀察圖 19 中力的分解。風對船帆的壓力，我們用 Q 表示，這個力跟帆面垂直，把這個力分解為兩個力：使 R 垂直於龍骨線，S 順著龍骨線方向向前。由於船向 B 方向前進的時候，會遇到強大的水的阻力（帆船的龍骨在水裡很深），這個阻力抵消了 R。現在就只剩下力 S，它推動著帆船前進。所以，船跟風向是有一個角度的，好像是在逆風而行[1]。通常帆船的運動是「之」字形路線，如圖 20 所示，水手們把這種行船法叫做「搶風行船」。

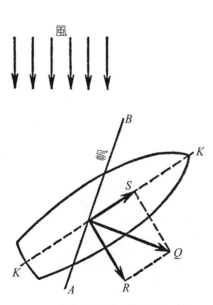

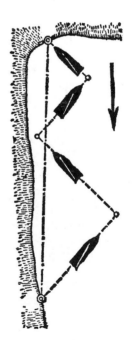

圖 19　帆船是如何逆風而行的　　圖 20　帆船逆風曲折航行

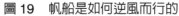

1　可以證明，當帆面位於平分龍骨方向和風向之間的那個角的時候 S 最大。

∞ *2.5* 阿基米德能舉起地球嗎？

「給我一個支點，我就能舉起地球！」—— 這是古代發現槓桿原理的力學家阿基米德的話。我們從普魯塔克的書裡可以讀到這樣的話：「有一天，阿基米德寫信給敘拉古國王希倫，他告訴他的這位親戚兼朋友的國王，一定大小的力可以移動任何重量。他喜歡引用有力的證據，因此補充道：『如果還有另外一個地球的話，我就能從它上面把我們的地球移動。』」

阿基米德知道，若使用槓桿，只需要很小的力就能把任何物體舉起來 —— 只需要將這個力放在槓桿的長臂上，讓短臂對重物起作用。因此他認為，如果用力壓一根非常長的槓桿臂，他用手就可以舉起質量與地球相等的重物[2]（圖 21）。

圖 21　阿基米德用槓桿舉起地球

2　此處的「舉起地球」，我們指的是在地球表面舉起一個相當於地球質量的重物。

　　然而，如果這位古代偉大的力學家知道地球的質量有多麼的大，他或許就不會誇下這樣的海口了。我們假設，阿基米德真的找到了另一個做為支點的地球，他也找到了一根夠長的槓桿，那麼，大家能否猜想，他用多長時間才能把和地球質量相等的重物舉起來，哪怕 1 公分呢？至少需要三十兆年！

　　地球的重量天文學家們是知道的，這樣龐大的物體，拿到地球上來秤的話，大約重：6 000 000 000 000 000 000 000 噸。

　　一個能舉起 60 公斤重物的人，如果要舉起地球的話，就得把自己的手放在這樣一根槓桿上，這根槓桿的長臂等於短臂的 100 000 000 000 000 000 000 000 倍！

　　透過簡單計算便可以知道，如果短臂的一端舉高 1 公分，那麼長臂那一端就需要在宇宙間畫一個大弧形，弧長大約是 1 000 000 000 000 000 000 公里。

　　這就意味著，如果阿基米德要把地球舉起 1 公分，那麼他扶著槓桿的手就需要移動這樣一個無法想像的距離！這需要多長的時間呢？假設阿基米德 1 秒鐘內能將 60 公斤的重物抬高 1 公尺，那麼，將地球舉起來 1 公分需要的時間是 1 000 000 000 000 000 000 秒，或者說是三十兆年！就算用一輩子的時間，阿基米德也不能把地球舉到像極細的頭髮那樣粗細的距離。

　　這位天才發明家的任何聰明才智都無法幫助他縮短這個時間。力學的「黃金定律」告訴我們，任何一種機器，如果在力量上占了便宜，在位置移動的距離上，也就是在時間上一定要吃虧。如果阿基米德的手運動速度可以和自然界最快的速度 —— 光速（每秒 300000 公里）相等的話，他也只能在十幾萬年的辛苦勞動之後，才把地球舉起 1 公分。

✑ 2.6　儒勒‧凡爾納的大力士和歐拉公式

　　大家還記得儒勒‧凡爾納書中的大力士馬迪夫嗎？「頭大身高，胸膛像鐵匠的風囊，腿像粗壯的木柱，胳膊像起重機，拳頭像鐵錘……。」這位大力士在《馬蒂斯‧桑多爾夫》這部小說裡的眾多功勞中，最惹人注目的恐怕是他用手拉住正在下水的船「特拉波克羅號」這件事情了。

　　小說的作者是這樣來敘述這個巨人的功勳：

　　船身兩邊的支撐物已經移走了，船準備下水了。只要把纜索解開，船就會滑下去。已經有五、六個木工在船的龍骨下忙碌著。觀眾好奇地注視著他們的工作。這時候，有一艘快艇繞過岸邊凸出的地方，進入了人們的視線。這艘快艇要進港口的話，必須從「特拉波克羅號」準備下水的船塢前面經過。因此，一聽見快艇發出的信號，大船上的人為了避免發生意外，不得不停止了解纜下水的工作，讓快艇先過去。這兩條船一條是橫著的，一條以極快的速度衝過來，如果它們相撞的話，快艇一定會被撞沉。

　　工人們停止了錘擊。所有的人都注視著這艘華麗的船，船上白色的篷帆在夕陽下像是鍍了一層金。快艇很快就出現在船塢的正前方，船塢上成千上萬的人都目不轉睛地注視著它。突然傳來一陣驚呼，正當快艇的右舷對著「特拉波克羅號」的時候，大船搖擺著滑下去了。眼見兩條船就要撞上了，已經沒有時間、沒有方法可以避免這場災禍了。「特拉波克羅號」很快斜著向下面滑去……，因摩擦而升起的白煙漫上了船頭，船尾已經進入水裡了（作者注：船下水的時候是船尾向前的）。

　　這時候，突然出現了一個人，他抓住了掛在「特拉波克羅號」上的纜索，用力地拉著大船，身子幾乎貼近了地面。也就一分鐘，他便把纜索繞在固定在地裡的鐵樁上了。他冒著被摔死的危險，用超人的力氣，用手拉著纜索十幾秒鐘，最後，纜索斷了。但就是這十幾秒鐘已經足夠了，「特拉波克羅號」進水以後，只是輕輕地擦了一下快艇，就向前駛去。

　　快艇得救了。至於那位如此迅速且出人意外地使這場災禍得以倖免的人，就是馬迪夫——當時甚至沒有人來得及幫他一把。

　　如果有人對小說的作者說，完成這樣的功勞並不一定需要一位大力士，也並不需要擁有馬迪夫那般的力量，他一定會驚訝的，因為任何一位身手敏捷的人都能辦得到！

　　力學告訴我們，纏在樁上的繩索在滑動的時候，摩擦力可以達到最大。繩索繞的圈越多，這個摩擦力越大；摩擦力遞增的規律是：圈數按照算術級數增加，摩擦力按照幾何級數遞增。因此，即便是一個小孩子，只要能把繩索在一個固定的樁上繞三、四圈，然後抓住繩頭，就可以平衡一個極大的重物。

　　在一些河邊的輪船碼頭上，常常有一些少年，就是用這個方法使得載有幾百個乘客的輪船靠岸的。事實上，此處起作用的並不是他們驚人的臂力，而是繩子與樁之間的摩擦力。

　　18 世紀著名的數學家歐拉，算出了摩擦力跟繩索繞在樁上的圈數之間的關係，我們現在給出這個公式供大家參考：

$$F = f e^{ka}$$

　　公式中的 f 是指我們使用的力，F 是 f 的阻力，e 代表的數字是 2.718……（自然對數的

底），k 是繩子和樁之間的摩擦係數；α 表示的是繞轉角，也就是繩索繞成的長度和弧的半徑之間的比值。

我們把這個公式運用到凡爾納所描述的情節裡，所得到的結果會是令人吃驚的。力 F 是沿著船塢滑下去的船對纜索的拉力，從小說中可以得知船重 50 噸，假設船塢的坡度是 $\frac{1}{10}$，那麼作用在纜索上的就不是整個船的重量，而是它的 $\frac{1}{10}$，也就是 5 噸或者 5000 公斤了。

纜索和鐵樁之間的摩擦係數 k 我們定為 $\frac{1}{3}$。如果我們注意到，馬迪夫將纜索繞了鐵樁 3 圈的話，α 的數值就不難算出來了。因此：

$$\alpha = \frac{3 \times 2 \pi r}{r} = 6\pi$$

我們把這些數值代入歐拉公式，就可以得到一個方程式：

$$5000 = f \times 2.72^{6\pi \times \frac{1}{3}} = f \times 2.72^{2\pi}$$

未知數 f（需要的人力）可以用對數求出來：

$$\log 5000 = \log f + 2\pi \log 2.72$$

得到：

$$f = 9.3 \text{ 公斤}$$

因此，這個大力士只需要用 10 公斤的力氣，就可以把纜索拉住了！

大家不要以為 10 公斤這個資料是理論上的，實際需要的力氣一定會大很多。恰恰相

反，我們得到的這個結果已經相對較大了，古時候是使用麻繩和木樁來繫船的，這兩種東西之間的摩擦係數 k 比上面所用的數值更大，因此需要的力氣幾乎小得可笑。只要繩索夠牢固，能夠承受住拉力，就算沒有什麼力氣的小孩子，把它在木樁繞上三、四圈之後，也能立下這位凡爾納小說中大力士所立的功勞（或許還能勝過他）。

∞ 2.7　結為什麼能打得牢？

毫無疑問，我們在現實生活中經常都會用到歐拉公式帶給我們的便利，譬如說打結，各種各樣的結 —— 普通的結、「吊板結」、「紐帶結」、「水手結」、「蝴蝶結」，我們在打結的時候，不都是把繩索的一端當做木樁，而讓繩子的其餘部分繞在它上面的嗎？所有的這些結之所以牢固，完全是由於摩擦的作用。由於繩索是繞自己纏繞著，就像繩索繞著木樁一樣，所以摩擦力大了很多，研究一下結裡的眾多彎曲折疊就很容易確定這一點。繩子折疊越多，或者說繩子繞著自己纏繞的次數越多，它的繞轉角就越大，這個結就會越牢。

縫衣工人在縫鈕扣的時候，也在不自覺地使用這個方法。他們把線頭繞許多圈，然後把線扯斷，這樣，只要線足夠牢固，鈕扣就不會掉落下來。這裡應用的也是我們所熟悉的定律 —— 線的圈數按照算術級數增加，鈕扣的牢固程度按照幾何級數遞增。

要是沒有摩擦的話，我們就不能使用鈕扣了，因為線在鈕扣重力的作用下會鬆動開來，鈕扣也就會脫落了。

∞ *2.8* 如果沒有了摩擦

　　大家已經看到，摩擦在我們周圍總是以不同的方式出現，並且經常是出人意料的，甚至在我們完全沒有想到的地方，它也起著極其重要的作用。如果摩擦突然從我們的世界消失了，很多平常不過的現象就會呈現出另外一番模樣了。

　　法國物理學家紀堯姆對摩擦現象進行了十分生動的描述：

　　我們都有過走在結冰道路上的經歷。為了站穩不摔倒，我們使出了多少力氣，做出了多少可笑的動作！這就使我們不得不承認：我們平常行走的地面，具有一種多麼寶貴的品質，它使得我們不費力氣就能保持平衡了。當我們騎著自行車在很滑的路上滑倒的時候，或是馬兒在柏油路上摔倒的時候，我們也會有同樣的想法。研究這些平常現象，我們就會發現摩擦給我們帶來的好處了。工程師設法消除機器上的摩擦，取得了很好的成績。在應用力學中，摩擦常被看做是一種很不好的現象，這是正確的，不過只是在極小的範圍內。而在其他很多情況下，我們得感謝摩擦的存在：它讓我們安心地坐立、行走和工作，它使書和墨水不會掉落到地板上，使桌子不會滑向牆角，使鋼筆不會從指間滑落。

　　摩擦是一種如此常見的現象，以至於我們除了在特殊情況下，平常是不會想著用它來幫忙的，因為它自己就會出現。

　　摩擦能夠促進穩定。木工將地板刨平，使桌椅待在人們想放的地方；放在桌子上的杯盤碟子，如果不是位於搖晃的輪船中，我們就不用擔心它們會離開桌面。

　　我們設想一下摩擦被完全消除的情景吧！那時候任何物體，不論是大石塊還是小沙粒，

就再也不會互相支撐了，所有的東西都會滑落、滾動，直到達到一個平面爲止。沒有了摩擦，地球就成了一個沒有高低起伏的圓球，像個流體一般了。

還可以補充一點，如果沒有了摩擦，鐵釘和螺釘就會從牆上脫落下來，我們的手也拿不住任何東西，任何建築物都不能建造起來，旋風起了就永遠不會停息，我們也會聽到不斷的回音，因爲它們從牆上反射回來的時候一點也沒有被削弱。

結冰的道路每次都能使我們清楚地看到摩擦的重要性，街上結冰的時候，我們通常會不知所措，隨時都會滑倒。

以下是 1927 年 10 月一份報紙上的片段：

倫敦 21 日消息，由於地面嚴重結冰，倫敦的街車和電車運輸遭遇極大的困難；由於手腳摔傷而進醫院的人數大約有 1400 人。

海德公園附近，三輛汽車與兩輛電車相撞，由於汽油爆炸，車輛全部燒毀。

巴黎 21 日消息，巴黎及其近郊的道路結冰導致眾多的不幸事件發生……。

不過冰面上微弱的摩擦力卻可以在技術上加以利用，普通的雪橇就是一個極好的例子。更好的例子是所謂的冰路，可以用來把樹木從砍伐的地方運到鐵道或者浮送站去。在平滑的冰路上，兩匹馬就可以拉動裝有 70 噸木材的雪橇（圖 22）。

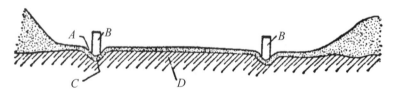

圖 22　上圖為冰路上載滿木材的雪橇，兩匹馬可以拉動 70 噸；
　　　　下圖為冰路（*A*：車轍；*B*：滑木；*C*：壓緊了的雪；*D*：
　　　　路上的土基）

☞ 2.9　「切柳斯金號」事故的物理原因

我們不能從上述內容倉促得出這樣的結論 —— 認為冰上的摩擦力在任何時候都微不足道。有時候在溫度接近 0℃ 的時候，冰面的摩擦常常也會非常大。破冰船的工作人員曾經仔細研究了北極海面上的冰和輪船鋼殼之間的摩擦力，結果發現，這種摩擦力非常大，並不比鐵和鐵之間的摩擦力小。冰對輪船鋼殼的摩擦係數是 0.2。

為了搞清楚這個數字對於行駛在冰上的輪船影響，我們來看圖 23，這幅圖畫的是在冰塊的壓力下，船舷 MN 受到的來自各個方向的力。冰的壓力 P 可以分解為兩個力：與船舷垂直的力 R 和與船舷相切的力 F，P 和 R 之間的角等於船舷對鉛直線的傾斜角 α。冰對船舷的摩擦力 Q 等於力 R 乘以摩擦係數 0.2，也就是 $Q = 0.2R$。如果摩擦力 Q 比 F 小，力 F 就會把壓在船身上的冰推到水裡去，這時候冰就會沿著船舷滑動，但不會損壞船體；但是如果 Q 比 F 大，摩擦就會妨礙冰塊的滑動，使得冰塊長期壓在船舷上，以至於把船舷壓壞。

那麼什麼時候 $Q < F$ 呢？很容易看出，$F = R\tan\alpha$，所以 $Q < R\tan\alpha$，又因為 $Q = 0.2R$，所以不等式 $Q < F$ 可以轉化為：

$$0.2R < R\tan\alpha \text{ 或者 } R\tan\alpha > 0.2R$$

從三角函數表可以查出，正切函數為 0.2 的角是 11°，這就是說，當 α 大於 11° 的時候，$Q < F$。由上述內容可以確定，船舷對鉛直線的傾斜度不小於 11° 的時候，才能保證船在冰塊間航行而不至於破損。

我們現在來分析「切柳斯金號」輪船的沉沒情況。它實際上是一艘輪船，不是破冰船，它在北海的全部航路上都很安全，但是在白令海峽卻被冰塊擠破了。

圖 23　上：在冰上失事的「切柳斯金號」輪船；下：在冰
的壓力下，作用在船舷 *MN* 上的幾個力

冰塊把「切柳斯金號」帶到了北方，並於 1934 年 2 月將其毀壞了。大家都知道，船上的水手們在冰上等待了整整兩個月，然後才被飛行員救了出來。

下面是關於這次事故的描述：

堅固的船身並不是一下子就被壓破的 —— 遠征隊長在無線電裡報告說：「我們看到冰塊如何擠壓在船舷上，以及露在冰塊上的船殼鐵板向外膨脹並彎曲。冰塊不斷湧向船，這種進攻雖然很慢，但卻是無法防禦的。脹起來的船殼鐵板沿著鉚縫裂了開來，鉚釘劈劈啪啪飛走了。一瞬間，輪船的左舷從前艙到甲板的末端完全撕裂了……。」

了解了這一章節所講解的內容之後，讀者應當能明白事故發生的物理原理了。

我們由此也能得出一個很有用的結論：在建造用於冰面航行的輪船時，必須使船舷有一定的傾斜度，這個傾斜度不應當小於 11°。

☙ 2.10　會自動調整平衡的木棍

如圖 24 所示，將一根光滑的木棍放在分開的兩手食指上，現在相互移動兩根手指，直到它們合在一起為止。

非常奇怪的是，當兩根手指合在一起的時候，木棍並沒有掉下來，而是依舊保持著平衡。大家可以不斷改變手指所處的原始位置，多次進行實驗，結果都不會變 —— 木棍都是平衡的，將木棍改成畫圖用的直尺、有杖頭的手杖、撞球桿或者刷地板的刷子，結果都是一樣的。

圖 24　用直尺做的實驗，右圖是實驗結束時的情況

這一出人意料結果的奧秘在哪裡呢？

首先應當明白一點：一旦木棍平衡在兩根合併在一起的手指上時，兩根手指顯然是位於木棍的重心處（如果從重心引出的一條垂直線能夠通過支持物的範圍，那麼這個物體就處於平衡狀態）。

當兩根手指分開的時候，木棍大部分重量都位於距離木棍重心較近的那根手指上。隨著壓力的增大，摩擦力也增大：離重心近的手指所承受的摩擦力比距離遠的那根手指大，而移動的卻永遠是距離重心較遠的那根手指。當這根移動著的手指離重心更近的時候，那就換成另一根手指來滑動了，這兩根手指之間角色的變化將一直持續到它們合在一起為止。由於每次移動的只有遠離重心的那根手指，所以實驗結束的時候，兩根手指自然都位於重心位置了。

我們再用刷地板的刷子來做一次這個實驗（圖 25），並且再次問這樣一個問題：如果在

兩個手指碰在一起的地方將刷子切成兩段，再把它們放在天平的兩端（圖 25），哪一頭會更重呢？是把柄的那一頭？還是刷子的那一頭？

表面上看來，既然刷子的兩部分在手指上是位於平衡位置的，那麼它們在天平上也應當是平衡的；但事實上，刷子的那一端要重一些，這是為什麼呢？不難猜到，當刷子在手指上處於平衡位置的時候，兩部分的重力是加在一根槓桿長短不等的兩臂上，但是在天平上，這兩部分的重力是加在一條等臂槓桿上的兩端。

圖 25　用刷地板的刷子做的實驗。為什麼天平不平衡呢？

我們還可以準備一些棍子，它們的重心位置各不相同，把這些棍子在重心位置切成長短不同的兩段，再把每根棍子的兩部分放在天平上，大家一定會驚奇地發現，原來短的一段總是比長的一段要重。

圓周運動

第 3 章

Physics

ᘓ *3.1* 為什麼旋轉著的陀螺不會倒？

很多人小時候都玩過陀螺，但不一定能正確地回答這個問題 —— 為什麼一個垂直旋轉甚至是傾斜著旋轉的陀螺不會倒呢？是什麼力量使它維持著這個看似不穩定的狀態呢？難道是重力在它身上起不了作用？

原來，這裡有一種十分有趣的力與力之間相互作用的現象。陀螺理論並不簡單，因此我們並不打算深入詳談，我們只研究旋轉著的陀螺不會倒的原因。

圖 26 中畫的是一個陀螺，在按照箭頭所指的方向旋轉，我們注意看標有字母 *A* 的部分，以及對面標著 *B* 的部分；*A* 部分在離我們遠去，而 *B* 部分正在向我們靠近，現在試著把陀螺的軸向你自己這一側傾倒，請注意觀察這兩部分的運動會有什麼變化。這個傾倒的力量使得 *A* 部分向上運動，*B* 部分向下運動，兩部分都得到一個跟自己本來的運動成直角的推力。但由於陀螺在快速旋轉，它的圓周速度很大，而我們給予的那個推力產生的速度卻很小，一個小速度和一個大的圓周速度結合而成的速度，自然跟這個大的圓周速度相差不大，因此陀螺的運動幾乎不會發生改變。由此可知，陀螺好像是在抵抗著那個想把它推倒的力量。陀螺越大，旋轉的速度越快，它就越能抵抗住試圖推倒它的力量，這就是陀螺之所以能不倒的原因。

這一解釋的實質跟慣性定律是直接相關聯的，陀螺上的每一部分，都在一個跟旋轉軸垂直的平面裡沿著一個圓周轉，按照慣性定律，陀螺的每一部分隨時都竭力想使自己沿著圓周的一條切線離開圓周；但是所有的切線與圓周本身都在一個平面上，因此每一部分運動的時候，都努力使自己停留在跟旋轉軸垂直的那個平面上。由此可見，在陀螺上所有跟

圖 26　為什麼陀螺不會倒？

圖 27　把旋轉中的陀螺拋向空中，它還
　　　能使自己的軸保持原來的方向

旋轉軸垂直的那些平面也在努力維持自己的空間位置，也就是說，跟所有這些平面垂直的旋轉軸本身也在努力維持著自己的方向（圖 27）。

　　我們不再對外力施加給陀螺的所有運動進行探討，因為這需要十分詳細的闡述，並且也會令人乏味，我只想解釋爲什麼任何一個旋轉的物體都在努力維持著自身繞旋轉軸的方向不變。

　　現代技術中對這一特性進行了廣泛的應用，任何迴轉儀，比如說安裝在輪船和飛機上的羅盤和陀螺儀[1]，都是根據陀螺定理來製造的。

　　陀螺似乎只不過是一個玩具，但卻有如此有益的用途！

1　旋轉作用保證了炮彈和槍彈飛行的穩定性，也可以保證人造衛星、火箭等在真空中的運動穩定性。

○*3.2* 魔術

　　很多讓人吃驚的魔術，也是基於旋轉著的物體能夠使旋轉軸保持原來方向這一原理。請允許我從英國物理學家約翰·培里教授的《旋轉著的陀螺》一書中摘錄幾段：

　　有一次，我在倫敦輝煌的維多利亞音樂廳裡，向正在喝咖啡和抽菸的觀眾表演了幾手。我盡自己所能來吸引觀眾，對他們說，如果想要把一個圓環拋到預先指定的地方，就應該給予圓環一種旋轉運動；如果想把一頂帽子扔出去讓別人能夠用手杖接住，也得這麼做。改變

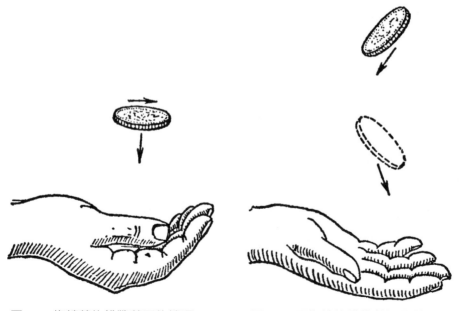

圖 28　旋轉著的錢幣落下的情況　　圖 29　不旋轉的錢幣落下的情況

旋轉著的物體軸的方向時，這個物體一定會產生反抗作用。接下來我又對我的觀眾說，如果將炮膛的內部磨光，炮就會瞄不準。因此，現在做的都是來福線炮膛，這就是說，在炮膛裡面刻上螺紋線，使炮膛在火藥的爆炸力下通過炮膛的時候得到一種旋轉的運動。這樣，炮彈離開炮口之後，就能正確地做一定的旋轉運動前進了。

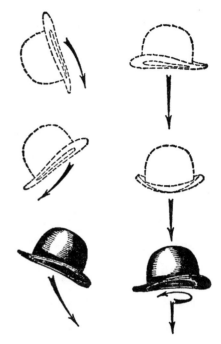

圖 30　旋轉著拋出帽子就可容易接住

那次演講中我能做的就只有這些，因爲我既不會扔帽子，也不會耍盤子。但我講完之後，就有兩位魔術師走上了講台，他們表演了幾套戲法。他們的每一個表演都是我剛才講的定律的最好例證，他們互相拋擲旋轉著的帽子、盤子、桶子、雨傘……，一位魔術師把許多刀子拋入空中，又靈巧地將它們接住，然後再向上拋出去。觀眾們剛剛聽過這些現象的解釋，所以都歡呼起來，表示很滿意。他們看到魔術師旋轉了每一把刀子，然後把它們拋上去，因爲只有這樣，才能夠準確知道刀子會在什麼樣的位置回到手裡來。

我很高興的是，魔術師那天晚上的每一個表演，都無一例外地證明了上述原理的正確性。

∂ *3.3* 哥倫布問題的新解法

　　哥倫布用來解決自己提出的怎樣把雞蛋豎立起來的方法相當簡單 —— 把雞蛋殼打破[2]。事實上這樣的方法是不正確的，因為哥倫布將雞蛋打破之後已改變了它的形狀，豎立起來的不再是雞蛋，而是另外一種物體了。要知道這道題目的重點就在雞蛋的形狀上，形狀改變之後，我們實際上是用另一種東西來代替了雞蛋，所以，哥倫布提出的方法並沒有解決雞蛋的豎立問題。

　　如果利用陀螺原理的話，就可以在絲毫不改變雞蛋形狀的前提下解決這位偉大的航海家所提出的問題了 —— 只需要讓雞蛋依著自己的長軸做旋轉運動就可以了，這樣，雞蛋就可以用鈍的一端或者甚至是尖的一端立在桌子上，直立著旋轉不會倒下。圖 31 表示的是如何來做這個實驗：用手指旋轉雞蛋，放開手，雞蛋會豎著旋轉一會兒 —— 問題解決了。

　　但是，這個實驗需要的是煮熟的雞蛋，這一要求跟哥倫布問題裡的條件並不矛盾。哥倫布提出問題之後，馬上就從餐桌上拿了一顆雞蛋，餐桌上的雞蛋當然不會是生的。我們未必能使生雞蛋旋轉，因為它內部的物質是液體，會阻礙雞蛋的旋轉。順便說一下，許多家庭的父母都知道用這個簡單的方法來區分生雞蛋和熟雞蛋。

2　需要指出的是，雖然一直有哥倫布豎立雞蛋的傳說，但並沒有歷史根據，是摩爾瓦把很久以前因為完全不同的動機而做過的事情，硬加在這位著名的航海家身上。豎立雞蛋的是義大利建築家布魯涅勒斯奇（1377～1446），他是佛羅倫斯教堂巨大圓屋頂的建造者：「我的圓屋頂如此堅固，就好像豎立在自己尖端上的雞蛋一樣！」

圖 31　解決哥倫布的問題：雞蛋旋轉著豎立起來了

☞3.4　「消失」的重力

　　兩千多年前的亞里斯多德寫過這樣的話：「水不會從圓周運動的容器中潑灑出來，即便是將容器底朝天，水也不會流出來，因爲圓周運動阻止了它流出來。」圖 32 描述的正是這個大家都熟悉的實驗：當盛水的水桶轉得足夠快的時候，即便將水桶底朝天，水也不會流出來。

　　通常人們會把這一現象解釋爲「離心力」的作用。離心力是一種想像出來的力，它好像是加在物體上的，物體受了它的作用，總想遠離旋轉軸。其實這個力是不存在的，所謂的離心力只不過是慣性的一種表現，任何運動在慣性的作用下都可以有這樣的性質。物理學中的離心力指的是：旋轉著的物體拉緊綁住它的線繩或者是壓在它的曲線軌道上的實在

力量，這種力量不是加在運動著的物體上，而是加在阻礙物體做直線運動的障礙物上 ——
線繩、轉彎處的鐵軌等。

我們不必理會這個意義模糊的離心力概念，我們來研究一下水桶旋轉時的現象。我們
先提出這樣一個問題：如果在水桶壁上鑿出一個小孔，那麼沖出來的那股水會向哪個方向
運動？如果沒有重力的話，這股水會在慣性的作用下，沿著圓周 AB 的切線 $\overline{AK}$ 沖出去（圖
32），但重力又會迫使這股水落下來，從而就形成了一條曲線（拋物線 AP）。如果圓周速
度足夠大，那這條曲線會落在圓周 AB 的外面。也就是說，這股水在告訴我們，如果沒有水
桶的阻礙作用，水在水桶旋轉的時候會走什麼樣的路線。現在可以知道了，水並不會垂直

圖 32　為什麼水不會從旋轉著的水桶裡流出來？

下落，所以也就不會從水桶中潑出來，只有當桶口朝向旋轉的方向的時候，水才會從水桶中流出來。

　　現在我們來做這樣一個計算：這個實驗中的水桶需要以什麼樣的速度做圓周運動，才能使水不往下流？這個速度應該是：圓周運動的水桶的向心加速度不比重力加速度小。這樣才能使得水在沖出來時候的路線落在水桶所畫的圓周外面，而水桶不論旋轉到哪裡，水都不會流出來。計算向心加速度的公式是：

$$W = \frac{v^2}{R}$$

　　此處的 v 是指圓周速度，R 是圓周半徑。地球表面的重力加速度是 $g = 9.8$ 公尺／秒^2，所以得到 $\frac{v^2}{R} \geq 9.8$，如果 R 等於 70 公分，就可以得到：

$$\frac{v^2}{0.7} \geq 9.8 \text{，所以 } v \geq \sqrt{0.7 \times 9.8}\text{；} v \geq 2.6 \text{ 公尺／秒}$$

　　很容易計算出，要得到這樣大的圓周速度，我們的手只要將水桶每秒鐘大約轉 $\frac{2}{3}$ 個圈就行了。這樣的速度是可以達到的，因此這個實驗輕易地就能成功。

　　液體沿著容器水平軸旋轉的時候會壓附在容器壁上，這種性質已經利用在所謂的離心澆鑄技術上了。這裡起主要作用的是，不均勻的液體會按照它們的比重成層地分開來，比較重的成分會落在離旋轉軸較遠的地方，比較輕的成分會落在離旋轉軸較近的地方。這樣的話，熔化金屬中的氣體，就會從金屬中分離出來，這樣鑄成的鑄件就會比較密實不含氣泡。離心澆鑄法比普通壓鑄法的成本低，而且不需要複雜的設備。

◌3.5　你也可以是伽利略

　　有的地方為喜愛強烈刺激的人準備了一種特殊的娛樂 —— 所謂的「魔術鞦韆」（圖33）。我沒有玩過這樣的鞦韆，所以這裡從一本科學遊戲集中摘抄一些關於這個遊戲的描寫：

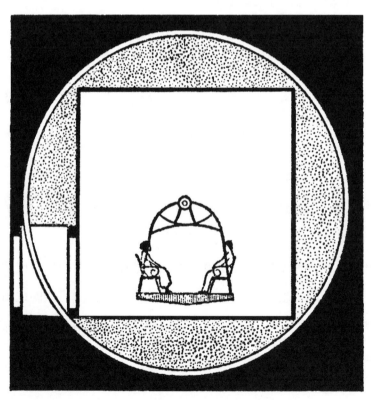

圖 33　「魔術鞦韆」構造簡圖

在距離地面很高的地方，有一根很堅固且橫貫屋子的梁，梁上掛著鞦韆。大家坐在鞦韆上之後，工作人員關上門，撤去進屋子的跳板，然後宣布說，馬上就讓遊客們有機會來一次短期的空中旅行了，說完就開始輕輕地推動鞦韆。然後工作人員自己坐在後面，像駕馬車的人坐在馬車後面一樣，或者就乾脆走出了屋子。

這時候，鞦韆擺動的幅度越來越大，看來似乎還得要和橫梁一樣高了，最後繞著橫梁轉了一圈。運動越來越快，大部分還鞦韆的人雖然事先知道了這種情況，但也明顯感覺到了一種實實在在的擺動和快速的運動。他們有時候似乎覺得自己的頭是倒掛著的，因此都會不自覺地抓住座位的扶手，以免栽倒。

不久，鞦韆的擺動開始減緩了，已經還得沒有橫梁那麼高了，過了幾秒鐘之後完全停了下來。

實際上，在這整個過程中，鞦韆本身是靜止不動的，而是屋子在一種簡單裝置的幫助下，繞著水平軸在遊客周圍轉動。屋子裡面的各種家具，都是固定在地板上或者牆上的。一個罩著大燈罩的電燈看起來彷彿是要掉落似的，實際上也是焊接在桌子上。那位工作人員好像曾輕輕地推了一下鞦韆，實際上是屋子輕輕地擺動了一下，他只不過是做了一個推的動作，整個環境都給人一種錯覺。

可見，這個錯覺的奧秘簡單得可笑。然而，即便是各位已經知道了事情的真相，但如果去坐「魔術鞦韆」的話，依然會被這假象欺騙，錯覺的力量竟如此之大！

各位是否記得普希金有一首叫做《運動》的詩？

「世界上沒有運動」，一個滿腮鬍鬚的哲人[3]說。

另一個哲人[4]不開口，卻在他面前來回地走。

任何反駁都沒有這個更有力。

人們都讚美這個巧妙的答覆。

可是，先生們，這個有趣的事件，

使我想起了另外一個例子：

誰都看見太陽每天在我們頭上走，

然而正確的卻是固執的伽利略。

對那些不懂鞦韆奧秘的遊客而言，你可以做一個伽利略，但你和他有一點不同：伽利略曾經證明，太陽和群星都是靜止不動的，而是我們自己在旋轉；你卻可以證明，我們是不動的，而是整個屋子在繞著我們旋轉。也許，你也會和可悲的伽利略一樣，被大家看做是一個睜著眼睛說瞎話的人，因為你說的與常見的情況不一樣。

❂ 3.6　我與你之間的爭論

要證明你的見解的正確性，並不是想像中的那麼簡單。假設你也在盪「魔術鞦韆」，

3　希臘哲學家芝諾（西元前 5 世紀），他說世界是不動的，是因為我們有了錯覺，所以好像所有的物體都在運動。

4　指狄奧根尼。

並試圖說服你旁邊的人，說他們錯了。假如說與你爭辯的就是我，我和你都坐在「魔術鞦韆」上，等到鞦韆擺動起來，眼看就要開始繞著橫梁畫圈的時候，我們就開始辯論：究竟是鞦韆還是整個屋子在動？必須記住一點，整個辯論過程中我們都不能離開鞦韆，並且事先帶好需要用的東西。

　　你：「有什麼可以懷疑的呢？我們就是沒有動，是整個屋子在轉動！要是我們的鞦韆真的是底朝天的話，那我們絕不會是頭朝下掛著，而是會從鞦韆上掉下去。但我們並沒有摔倒，也就是說轉動的不是鞦韆，而是屋子。」

　　我：「但不要忘了，雖然水桶底朝天了，但是水並沒有從快速旋轉的水桶中流出去（見〈『消失』的重力〉一節）。〈『魔環』〉一節中騎自行車的人也沒有摔倒，雖然他也是頭朝下的。」

　　你：「既然這樣，那我們來算一下向心加速度，看看它是否能保證我們不會掉下去。知道了我們與旋轉軸的距離和每秒鐘鞦韆旋轉的圈數，我們不難根據公式算出……。」

　　我：「計算倒是不難，『魔術鞦韆』的建造者早就知道我們會有這樣的辯論，所以早就告訴我了，鞦韆旋轉的圈數足夠使我們自圓其說了。所以，計算解決不了我們的爭論。」

　　你：「但是我還是沒有喪失說服你的信心。看到了吧，這個水杯中的水不會流到地板上去……，不過，你已經用水桶旋轉的實驗駁倒我了。那好，我手裡有一個鉛錘，它總是朝向我們的雙腳，也就是向下的。如果我們在旋轉，而整個屋子靜止不動的話，這個鉛錘就會始終朝向地板，也就是它會時而朝向我們頭的方向，時而朝向側面。」

　　我：「你錯了，如果我們旋轉的速度足夠快，鉛錘是會順著旋轉半徑從旋轉軸拋出去的。也就是說，它一定會是像我們看見的那樣，始終朝向我們的雙腳方向。」

○ 3.7 我們爭論的結果

現在我來告訴大家，如何在這個爭論中贏得勝利。應當隨身攜帶一個彈簧秤到「魔術鞦韆」上去，在秤盤上放一塊 1000 克重的砝碼，然後觀察指針的變化，指標會始終指著 1000 克這個數值，這就是鞦韆靜止不動的證據。

事實上，如果我們和彈簧秤一起繞著軸旋轉的話，那麼作用在砝碼上的，除了重力還有離心作用。離心作用在圓周下半圈各點上會加大砝碼的重量，而在上半圈各點上則會減少它的重量；這樣我們就會觀察到，砝碼時而輕，時而重，時而差不多沒有任何重量。如果沒有這種現象發生的話，就表明旋轉的是整個屋子，而不是我們。

○ 3.8 在「魔球」裡

有一位美國企業家為公眾建造了一個十分有趣且有教育意義的轉盤。這是一個旋轉著的球形屋子。位於這個屋子裡的人會體驗到一種只有在夢中或者在童話中才能有的感覺。

首先我們回想一下，一位站在轉得很快的圓形平台上的人會有什麼樣的感覺。

旋轉運動似乎是要把人向外拋出去，人站的位置離中心越遠，這種感覺就越強烈，如果閉上眼睛，你會覺得不是站在平坦的地面上，而是站在一個斜面上，並且很難保持平衡。觀察圖 34 中身體所受到的力就可以明白這是為什麼了。旋轉運動把你的身體向外吸引，而重力則向下吸引，根據平行四邊形的規則把這兩個力合在一起，我們就得到一個向下傾斜的合力，平台旋轉得越快，這個合成的運動就越明顯，傾斜度越大。

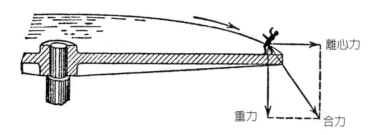

圖 34　人在旋轉著的平台邊緣的感覺

　　現在設想這個平台的邊緣是向上彎曲的，你站在傾斜的邊緣（圖 35）。如果平台是靜止不動的，你在這樣的地方就會站不穩，會打滑或者摔倒；但如果平台是旋轉的，情況就不一樣了。在一定的旋轉速度下，這個傾斜平面在你看來似乎就是平坦的，因為那兩個作用在你身上的力的合力所指的方向也是傾斜的，和平台的傾斜邊緣成直角[5]。

　　如果這個旋轉著的平台是一個曲面，它的表面在一定的速度下處處都和合力垂直，那麼站在平台上任何一點的人，都會覺得自己是站在一個水平面上。數學計算可以得出，這樣的曲面是一種特別的集合體 —— 拋物體的面。如果快速旋轉一個裝有半杯水的玻璃杯，就可以得到這樣一個平面：玻璃杯邊緣的水會漲起來，中心的水會低下去，水面就會呈現一個拋物面。

5　順便指出，也可以用這個原理來解釋下列現象：為什麼在鐵路拐彎的地方，外側的鐵軌比裡面的高一些；為什麼騎自行車的人和騎摩托車的人在車道裡，要向內側傾斜一些；為什麼長跑的人能夠沿著傾斜得很厲害的環形跑道跑步。

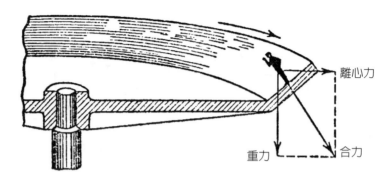

圖35　在旋轉著的平台傾斜邊上，人可以站得很穩

　　如果杯子裡裝的不是水，而是一些熔化的蠟，不斷旋轉杯子，直到杯裡的蠟凝固的時候，這個凝固的表面就會是一個十分精確的拋物面。在一定旋轉速度下，這樣的表面對重物來講就如同一個水平面，放一個小球進去，它會停留在原來的位置，不會落下（圖36）。

　　現在就容易理解「魔球」的構造了。

　　從圖37可以看出，這個球的底部是一個很大的旋轉平台，它的表面是一個拋物面。雖然平台下面一個隱藏著的機關使得旋轉運動很平穩，但是如果周圍的物體不隨著人一起轉動的話，平台上的人一樣會感覺頭暈。為了使位於平台上的人不會感覺到自己在運動，就需要在這個旋轉台外面罩上一個很大的玻璃球，並且讓它跟平台旋轉速度一樣在轉動。

　　這個叫做「魔球」的轉盤的構造就是如此，如果站在這個球內部的平台上，會有什麼樣的感覺呢？當平台旋轉的時候，不論你站在哪個位置，腳下的地面都會是水平的 —— 不論是在台軸附近，還是在台軸邊緣（45°斜坡）。在你的眼裡，這個平台顯然是個曲面，但肌肉的感覺卻告訴你，腳下是一個平坦的地方。

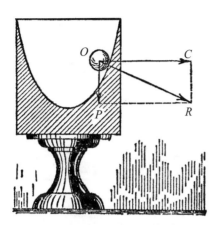

圖 36　如果這個杯子旋轉得夠快，小
　　　 球就不會掉到杯底去

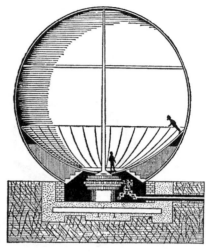

圖 37　「魔球」剖面圖

　　這兩種感覺彼此之間的差距很明顯。如果你從平台的一個邊緣走到另一個邊緣，你就會覺得整個大球似乎跟一個肥皂泡一樣輕，你的身體往哪一邊移動它就往哪一邊傾斜，因為在所有各點上，你都覺得自己是站在水平面上的。而那些站在平台上別處的人，在你眼裡，就會顯得極其不平常，你會真切地覺得，這些人像是蒼蠅一般在沿著牆壁行走（圖38）。

　　如果把水潑在這個球的地面上，水就會沿著球的曲面散開，形成薄薄的一層，球裡的人會覺得，水像是自己面前的一面傾斜的牆。

　　在這個奇怪的球中，一切重力定律似乎都起不了作用，我們好像是來到了一個童話般的神奇世界。

圖38　左圖：「魔球」裡面的人的實際位置；右圖：「魔球」旋
轉時球體裡面的兩個人感覺到的對方位置

　　飛行員在高空以極快的速度盤旋飛行的時候也會有同樣的感覺。如果他每小時的速度是 200 公里，沿著一個半徑是 500 公尺的曲線飛行，那麼，他一定會覺得地面是微斜的，成了一個 16° 的斜坡。

　　在德國一個城市中，為了進行科學觀察，建造了一個類似的旋轉實驗室。這是一個圓柱形的屋子（圖 39），直徑 3 公尺，每秒鐘旋轉 50 圈。由於實驗室的地板是平坦的，所以在它旋轉的時候，靠牆的人似乎覺得屋子在向後傾斜，因此人就不得不倚靠在斜牆上（圖 40）。

圖 39　旋轉著的實驗室的實
　　　　際位置

圖 40　旋轉著的實驗室裡的人
　　　　所感覺到的位置

∽ 3.9　液體鏡面望遠鏡

　　反射望遠鏡上的反射鏡最佳的形狀應當是拋物面，也就是液體在旋轉的容器裡形成的那種表面形狀。望遠鏡的設計者們花費了很多年時間來設計這個形狀，美國物理學家伍德解決了各種困難，製造了一架液體鏡面望遠鏡：他將水銀放在一個大容器裡旋轉，從而得到了一個理想的拋物面。由於水銀有很好的反光作用，所以這個拋物面可以當做反射鏡。伍德的望遠鏡是安裝在一個不是很深的井裡。

　　這種望遠鏡唯一的缺點是，稍微有震動的話，液體鏡面就會起皺，所得的像就會變

形，並且水平的鏡面只能觀察到天頂上的星體。

∝3.10　「魔環」

　　大家也許對雜技場裡的一種使人頭暈的自行車表演並不陌生：騎自行車的人在一個環裡從下到上繞一個整圈，上面一圈他不得不頭朝下騎著過去。如圖 41 所示，雜技場上有一條木質的道路，中間有一個或者幾個環。表演者騎著自行車順著環前面的一段傾斜部分衝下來，然後很快地順著環連人帶車一同衝上去。他的確是頭朝下走完整個圓圈，回到地面上來。

　　觀眾會覺得這個令人頭暈的遊戲是表演者的高超技藝成就的，不明白真相的觀眾會問自己：「究竟是什麼力量支撐著這位頭朝下的表演者？」一些好奇心重的人甚至會覺得這是一種錯覺，因為魔術裡並沒有什麼超自然的東西。這個魔術可以用力學的原理來解釋，如果讓一顆彈子順著這條路滾過去，它也能出色地完成這出表演。在中學物理實驗室中有一種小型的「魔環」可以用來做這種實驗。

　　為了檢驗「魔環」的堅固性，魔術的發明者用一個很重的球從這個環形路上滾過去，這個球的重量等於表演者加上自行車的重量，如果球能順利地滾過去，那麼表演者也就可以順利地騎自行車過去。

　　讀者們應當知道，這種奇異現象的原因和那個做圓周運動水桶的道理是一樣的（見〈「消失」的重力〉一節）。然而這個把戲並非每次都能成功，需要精確地計算出騎自行車的人開始騎車的高度，不然的話是會出事的。

圖 41　「魔環」（左下角是計算用的圖）

○♂ *3.11*　雜技場裡的數學

　　我知道，一旦枯燥無味的公式多了就會嚇到一些物理學愛好者。可是如果不從數學的角度來認識現象的話，又不能使我們預見到各種現象的過程以及所發生的條件。比如說，在「魔環」這一現象中，兩、三個公式就可以幫助我們精確地計算出，這個有趣的遊戲需要在怎樣的條件下才能順利表演出來。

　　我們現在來計算一下（見圖 41）。

我們用下列字母來代表要計算的一些數值：

h 表示騎自行車的人出發地點的高度；

x 表示出發點高出「魔環」最高點的距離，從圖 41 可以看出，$x = h - \overline{AB}$；

r 表示環的半徑；

m 表示表演者和自行車加在一起的總重量，單位用毫克表示；

g 表示地球重力加速度，9.8 公尺／秒^2；

v 表示自行車達到環的最高點的時候的速度。

我們可以用兩個方程式把這些數值聯繫在一起。首先我們知道，自行車下滑時，在同 B 點一樣高的 C 點處，它的速度等於表演者將車騎到頂點 B 的速度。第一個速度可以這樣來表示：

$$v = \sqrt{2gx} \text{ 或 } v^2 = 2gx$$

因此，表演者在 B 點的速度也等於：

$$v = \sqrt{2gx} \text{，即 } v^2 = 2gx$$

接下來，為了使表演者能夠達到環的頂點並且不摔下來，需要使得這個時候的向心加速度大於重力加速度，也就是說，應當是：

$$\frac{v^2}{r} > g \text{ 或 } v^2 > gr$$

我們知道，$v^2 = 2gx$；所以：

$$2gx > gr \text{ 或者 } x > \frac{r}{2}$$

因此，我們可以知道，為了成功地表演這個令人頭暈的魔術，必須這樣來建造這個「魔環」，使得它斜坡部分的最高點比環的最高點高出環的半徑的 $\frac{1}{2}$ 以上。路的坡度是沒有關係的，需要的只是表演者出發點比環的頂點高出環的直徑的 $\frac{1}{4}$ 以上，假設環的直徑是 16 公尺，那麼表演者出發點的高度就應當不低於 20 公尺。如果不滿足這些條件，再高明的技巧都無法幫助表演者走完這個「魔環」，還沒到最高點的時候，他就一定會掉下來。

注意：此處我們沒有考慮自行車摩擦力的影響：我們認為，B 和 C 兩點的速度是相等的；因此，不能把道路弄得太長，斜坡也不能太平坦，如果坡度太小的話，在摩擦力的作用下，自行車在 B 點的速度就會比它在 C 點的時候小。

應當指出的是，在表演這個魔術的時候，車上不必裝鏈條，表演者只是在重力的作用下使車前進的，因為他不需要也不能加速或者減速，如果自行車稍微有一點點傾斜，表演者都有可能會從路上滑下去，或是被拋出去。這個沿著環運動的速度是很大的，因為走完直徑為 16 公尺的環需要的時間是 3 秒，就等於每小時 60 公里的速度，用這種速度騎自行車是需要一定的技術，但也不是太難，只需要借助於力學規律就可以了。我們從表演這種魔術的人的小冊子裡可以讀到這樣的話：「只要計算準確，設備足夠堅固，自行車魔術本身是沒有什麼危險的。這個魔術究竟是否危險，完全取決於表演者本身。如果表演者的手抖動了，如果他緊張了，失去了自我控制力，不小心搞砸了，就可能會發生事故。」

其他的飛行特技也是借助這一條定律完成的。飛機翻跟斗的時候，最重要的是要使駕駛員沿著曲線準確快速地飛翔，同時要能熟練地駕駛飛機。

∞ *3.12* 缺斤少兩

一個愛打小算盤的人有一天說，他知道一種方法，不用欺詐的方法就可以少給買主貨物的分量。這個方法的秘密在於，買東西應當在赤道附近的國家進行，而賣東西應當在兩極附近。人們很早就知道，與兩極附近比較而言，赤道附近的東西要輕一些，將 1 公斤的東西從赤道地區帶到兩極地區，就會增重 5 克。然而在買賣的時候，不應該使用普通的秤，應該使用彈簧秤，並且這個秤要在赤道上進行製造（刻度數）。不然的話，什麼好處也撈不到 —— 因為貨物變重了，但砝碼也跟著變重了。如果在秘魯的某個地方買了 1 噸黃金，拿到西班牙去賣，如果托運是免費的話，是可以賺點錢的。

我不認為這樣的交易可以讓一個人富裕起來，但是從本質上來說，這位打小算盤的人是對的：離赤道越遠的地方，重力越大。這是因為，位於赤道地區的物體在地球自轉的時候繞的是大圈，並且赤道附近的地球是凸出的。

重量減少主要是由於地球自轉造成的，它使赤道附近物體的重量比在兩極的時候輕 $\frac{1}{290}$。

把一個很輕的物體從一個緯度拿到另一個緯度的重量變化是很小的，但對龐大的物體來講，這個差別可以很大。大家也許沒有想過，一艘在莫斯科重 60 噸的輪船，到了阿爾漢格爾斯克會增加 60 公斤，而到達奧德薩之後會減少 60 公斤。從斯匹茨貝根群島每年要向南方各港口運出 300000 噸煤炭，如果將這些煤炭運到赤道上的某一個港口，那麼，用從斯匹茨卑爾根帶來的彈簧秤來秤的話，就會發現減少了 1200 噸。一艘在阿爾漢格爾斯克重

20000 噸的戰艦，到了赤道附近的海域，會減少大約 80 噸。但這並沒有被察覺出來，因為相應地其他的物體也減輕了，當然，包括大洋裡面的水 [6]。

如果地球自轉的速度比現在快的話，假設晝夜不是 24 小時，而是 4 小時的話，那麼赤道地區和兩極地區物體的重量差別會更大。如果一晝夜只有 4 個小時，那麼在兩極重 1 公斤的砝碼，在赤道上會只有 875 克，土星上的重力情況大致就是這樣：在這顆行星的兩極附近，一切物體都比它在赤道上重 $\frac{1}{6}$。

由於向心加速度跟速度的平方成正比，所以不難算出，地球要轉得多快，才能使赤道上的向心加速度增加到原來的 290 倍，也就是增加到和地球的重力加速度相等 [7]，這種情況下，自轉速度應當是現在的 17 倍（17×17 約等於 290）。這樣的話，物體就不會對自身的支撐物產生壓力，換句話說，如果地球自轉的速度是現在的 17 倍，那麼赤道上的物體就會完全沒有重量了。土星的自轉速度達到目前的 2.5 倍的時候，就會出現這樣的情況。

6　順道一提，船隻在赤道附近的水面吃水深度，仍然和兩極地區的水面一樣，因為雖然船隻變輕了，但是被船隻排開的水的重量也變輕了。

7　前面說過，物體在赤道的重量要比在兩極的重量輕 $\frac{1}{290}$，而這主要是由於地球的自轉，這就是說，物體在赤道上所受的向心加速度，相當於重力加速度的 $\frac{1}{290}$。那麼，若把赤道的向心加速度加大到 290 倍，當然就等於重力的速度。

萬有引力

∞ *4.1* 引力大不大

「如果我們不是每時每刻都看見物體在墜落，它對我們來說就會是一種非常奇怪的現象。」——法國天文學家阿拉戈寫道。習慣讓我們覺得，地球對一切物體的吸引都是自然、平常的現象。但當有人對我們說，物體之間其實是相互吸引的，我們也許不會相信，因為在現實生活中我們並沒有注意到類似的現象。

為什麼萬有引力定律在我們周圍的環境中通常都不會表現出來呢？為什麼我們看不見桌子、西瓜以及人之間相互吸引呢？因為對不大的物體來講，引力是非常小的，我舉一個直接的例子。兩個相距 2 公尺的人，彼此之間是相互吸引的，但是這個引力非常小：對中等重量的人而言，這個引力不到 $\frac{1}{100}$ 毫克，這就是說，這兩個人之間彼此的引力大小，等於一個十萬分之一克的砝碼加在天平上的重量，只有科學實驗室中十分靈敏的天平才能秤出這樣小的重量。這樣的力當然不會使我們移動位置——地板和腳跟之間的摩擦力阻止了我們移動，比如說，為了使我們在地板上移動（腳跟和木質地板之間的摩擦力等於體重的30%），需要的力量不小於 20 公斤。跟這個力比起來，$\frac{1}{100}$ 毫克的引力簡直小得可以忽略不計。1 毫克是 1 克的千分之一；1 克是 1 公斤的千分之一；所以 $\frac{1}{100}$ 毫克只等於那個使我們能夠移動位置的力量的 10 億分之一的一半。既然這樣，我們在平常條件下察覺不出地面上各種物體之間相互的引力又有什麼奇怪的呢？

如果沒有了摩擦，就是另外的情形了：那時候就沒有任何東西會阻礙微小的引力將物

體之間拉近了。不過在 $\frac{1}{100}$ 毫克的引力下，兩個人接近的速度是非常小的。可以算出，在沒有摩擦的時候，距離兩公尺的兩個人，在第一個小時之內會彼此相向移動 3 公分，第二個小時內會移動 9 公分，第三個小時移動 15 公分，他們的運動會越來越快，但是至少要經過 5 個小時，這兩個人才會緊緊地靠攏。

當摩擦不再是阻礙的時候，地面上各個物體之間的引力是可以感覺出來的。掛在一根繩子上的重物，在地球引力的作用下，使得這根繩子指向地面；但如果在這個重物的附近有一個很大的物體吸引著它，那麼這根繩子就會微微的偏離垂直的方向，指向地球引力和這個物體引力所合成的力的方向。這種偏離現象是在 1775 年第一次觀測到。當時的科學家在一座山的兩側，測量鉛錘的方向和指向星空的極方向之間的角度大小，發現兩側的角度不一樣。後來，有了一種特殊的裝置，使得天平對地面上各種物體之間的引力做了更加完善的實驗，才精確地確定了萬有引力的大小。

質量不大的物體之間的引力幾乎可以忽略不計，隨著質量的增大，引力跟質量的乘積成正比，但很多人常常誇大這個引力。有一位科學家，不是物理學家，而是動物學家，試圖讓我相信，兩艘輪船之間的相互吸引力是可以看得見的，也是由萬有引力所引起。可以簡單計算出此處的引力很小：兩艘重量都為 25000 噸的大船，在相距 100 公尺的時候的引力只有 400 克，顯然，這個引力還不足以使兩艘大船發生任何位置上的變化。大船之間引力的真正原因我們在後面講液體和氣體性質的時候會再描述。

但是質量驚人的天體之間的引力確實可觀，甚至是那顆距離我們極其遙遠的行星——海王星，它幾乎是在太陽系的邊緣慢慢地旋轉，但也能使地球感受到 1800 萬噸的引力。雖

然太陽與我們相距遙遠，但是也是由於引力的作用，地球才能繼續在自己的軌道上運轉。如果太陽對地球的引力突然消失了，地球就會沿著軌道的切線飛入無邊無際的宇宙空間去，再也不會回頭（圖42）。

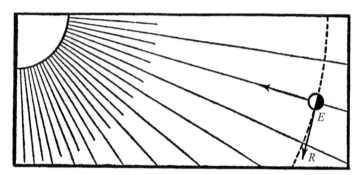

圖42　太陽的引力使地球 E 的路線發生彎曲，由於慣性作用，地球會試圖沿著切線 $\overline{ER}$ 飛出去

○8 4.2　從地球到太陽的一條鋼繩

假設太陽的強大引力由於某種原因真的消失了，地球就將面臨一個悲慘的命運 ── 飛入那遙遠寒冷幽暗的宇宙中去。這裡需要有幻想的能力，如果工程師們決定用鏈條來替代那些看不見的引力鏈條，或者說，他們想用結實的鋼繩把太陽和地球連接起來，使地球停留在圓形的軌道上繞著太陽運轉。確實，有什麼東西能比每平方毫米能經受住 100 公斤拉力的鋼繩更堅固的呢？假設有一條直徑是 5 公里的大鋼繩，它的切面是 20000000 平方公

尺，因此需要重 2000000000000 噸重的物體才能把這根繩子拉斷。我們繼續來設想，這根鋼繩從地球拉到了太陽，將這兩個星體連接了起來，大家是否知道，需要多少根這樣強大的鋼繩才能將地球固定在它的軌道上？需要兩百萬根！爲了直觀地看到這一個分布在大洋和大陸上的鋼鐵森林究竟是個什麼樣子，我再補充一點：假設所有的鋼繩都均勻地分布在面向太陽的那半個地球表面，相鄰的鋼繩之間的空隙，只比鋼繩本身略微寬一些，這樣大的一座鋼鐵森林，需要多大的力量才能拉斷！由此可見，太陽和地球之間看不見的引力有多大！

　　但這樣一個巨大的力量，只會使地球的軌跡發生彎曲，使它每秒鐘離開切線 3 毫米。因此，我們地球的軌跡就成了一個封閉的橢圓形。難道這不是一件令人吃驚的事情嗎：爲了使地球每秒鐘偏離 3 毫米的距離，需要這麼大的力量！這也可以說明地球的質量是多麼的大，即便是這樣的力量都只能使它發生一點點的位移。

∝ 4.3　是否能躲開萬有引力？

　　我們現在來設想這樣的情景：地球與太陽之間的相互引力消失了，它們之間不再有看不見的引力鋼繩了，地球就會飛入宇宙無盡的空間中去。現在我們來設想另一個問題，如果沒有了重力，地球上的物體會發生什麼變化？那時候就沒有任何力量將它們吸附在地球上了，只需要稍微觸動一下，這些物體就會進入到星際空間去，事實上，就算沒有觸動，地球的自轉就會把一切跟地球表面沒有牢固聯繫的東西拋到太空去。

　　英國作家威爾斯就是利用這樣的想法寫了一本月球旅行的幻想小說，在這本叫做《第

一批登上月球的人》的作品中，這位機智的作家給出了一個極其獨特、從一個星球到另一個星球的旅行辦法。這個辦法就是：小說的主人公是一位科學家，發明了一種具有奇特功能的物質，這種物質能夠阻止萬有引力，如果在一個物體的下面塗上一層這種物質，它就能擺脫地球的引力，而受到其他物體的引力，這種物質被威爾斯稱作「凱弗利特」，是用那個假想的發明人名字凱弗爾來命名的。

「我們知道！」這位小說家寫道：「萬有引力或者說重力是可以穿透一切物體的。大家可以設置一種障礙來阻斷光線，使它不再照射物體；可以利用金屬片來保護物體，使無線電波無法到達；但是找不到一種物質來保護物體不受太陽或者地球萬有引力的影響。爲什麼自然中沒有這樣的障礙物，這很難說清楚。但是凱弗爾知道爲什麼沒有那種使萬有引力無法穿透的物質。他認爲自己有能力製造一種不會被萬有引力穿透的物質。

每一個稍微有點想像力的人，都可以想像得出，有了這樣一種物質，我們就會有無限的可能性。假設需要舉起某個重物，不論它有多麼重，我們只需要在它下面塗上一層這樣的物質就可以了——就能像舉起一根稻草那樣舉起這個重物。」

有了這樣的物質之後，我們的小說主人公們製造了一個飛行器，這樣就可以飛到月球了。這個飛行器的構造並不複雜：它內部沒有任何發動裝置，因爲它是利用天體之間的引力來工作的。

下面是對這個想像中的飛行器的描述：

　　設想有這樣一個球形的飛行器，它足夠裝下兩個人和他們的行李。這個飛行器有內外兩層：內層是厚玻璃做的，外層是鋼製的，可以帶上壓縮空氣、濃縮食品和做蒸餾水用的儀器等。整個鋼製外殼都塗上一層「凱弗利特」，內部玻璃層除了艙門之外，都密實無縫。鋼製外殼是一塊塊拼起來的，每一塊都可以像窗簾一樣捲起來，這用特製的彈簧就能製造出來——窗簾可以在玻璃層裡面通過白金導線用電流捲起或者放下。但這都是些技術細節，重要的是，飛行器的外層都是用窗簾和「凱弗利特」做成的。當全部鋼製窗簾都放下來遮得極其密實的時候，不論是光線，還是某種輻射或者萬有引力都不能進入到飛行器內部。但是假設有這樣一種情況：有一扇窗簾捲起來了，這個時候，遠處任何一個正好對著這個空隙的大物體，都會把我們吸引過去。這樣，我們實際上是在宇宙空間隨意地旅行，一會讓這個天體吸引我們，一會讓另一個天體吸引我們，這樣，我們就能想上哪就上哪。

○З 4.4　威爾斯小說中的主人公是怎樣飛上月球的？

　　小說家對這個星際旅行工具從地面出發的情形描寫得很生動，飛行器外殼上塗的那層「凱弗利特」使得它好像沒有了重量。我們知道，沒有重量的物體是無法停留在空氣海洋的底層的——它會像湖底的軟木塞浮出水面一樣，這個沒有重量的飛行器很快就被地球自轉的慣性拋到大氣海洋的上層去。它到了大氣的邊界之後，就會自由地繼續在宇宙空間航行，小說中的主人們就是這樣飛走的。到達宇宙空間之後，他們會時而打開這些窗簾，時而打開那些窗簾，使飛行器內部一會受到太陽的引力，一會受到地球或者月亮的引力，結果他們就來到了月球表面。後來，這些旅行家中的其中一個人，又乘坐這個飛行器回到了地球。

　　我們不打算在此仔細分析威爾斯的見解，現在暫且相信這位聰明的小說作者，並且跟隨他的主人公們到月球上去。

❀ 4.5　月球上的半小時

　　我們現在來看看，威爾斯小說中的主人公們到達月球之後感覺怎麼樣，要知道月球上的重力比地球上小得多。

　　這就是《第一批登上月球的人》中最有趣的幾段話（省略了不太重要的部分），這是一位剛到過月球的地球上居民代表的話：

　　我打開了飛行器的艙門，跪著把上身伸出艙外：在離我的頭 3 英尺遠的地方，有一片從來沒有人踏過的月亮上的雪。

　　凱弗爾用被褥裹著身體，坐在艙邊上，開始小心地把雙腳放下去。當腳距離月球表面半英尺高的時候，他遲疑了一下，最後還是到了這個月球的地面上。

　　我隔著玻璃外殼看著他。走了幾步之後，他停了一分鐘，向四周看了看，然後下定決心向前跳去。

　　玻璃扭曲了他的動作，但我覺得，這實際上是幅度很大的跳躍。凱弗爾一下子就到了距離我 6～10 公尺遠的地方。他站在岩石上向我做手勢，好像他還在喊叫，但是我聽不見……，不過，他是如何跳這麼遠的呢？

　　我迷惑不解，我也爬出艙口，跳了下去，到了雪地的邊緣。走了幾步之後，我也開始跳

著前進了。

我覺得我像是在飛，很快就到了凱弗爾站著等我的那塊石頭附近，抓住石頭，我感到一陣恐懼。

凱弗爾彎著腰，大聲對我喊叫，讓我小心些，我也忘記了一點：月球上的重力比地球上要弱幾倍，是現實情況提醒了我這一點。

我控制住自己的動作，小心地爬到了岩石頂上。我好像是患了風濕的病人，慢慢地走去，走到陽光下，和凱弗爾站在一起，我們的飛行器還在那正在融化的雪地上，離我們大約有 30 英尺。

「你看！」我轉過身對凱弗爾說。

但凱弗爾不見了。

有那麼一瞬間，我被這個意外情況震驚了，站在原地沒動。然後，我試著向岩石後面看去，快速向前走去，完全忘了我是在月球上。我在地球上走 1 公尺的力量，使我在月球上走出了 6 公尺遠，我出現在岩石邊緣 5 公尺距離的地方。

我感覺到了一種夢中才有的落入深淵的感覺，一個在地球上的人，如果摔倒的話，在第 1 秒的時間內會落下 5 公尺，但在月球上只會落下 80 公分。這就是我輕輕地向下平穩飄了 9 公尺左右的原因。我好像在不停地落下，這個過程持續了 3 秒鐘。我在空中飄著，像羽毛一樣平穩地往下落，落到了那岩石嶙峋的山谷，膝蓋都沒在雪地裡了。

「凱弗爾！」我環顧四周，大聲喊叫著。但沒有看見他的任何蹤跡。

「凱弗爾！」我更大聲地喊著。

突然我看見了他，他微笑著向我招手。他站在距離我大約 20 公尺遠的一個光禿禿的峭

壁上。我聽不見他的聲音，但懂得他手勢的意義 —— 他讓我跳到他那裡去。

我有些猶豫：我們之間的距離在我看來實在太遠了，但突然我就意識到，既然凱弗爾能跳那麼遠，我也能。

邁開腳步，我用盡全力跳了起來，我像箭一般飛入了空中，似乎再也落不下來。這是一次奇妙的飛行，像是在夢中一樣神奇，但同時我又感覺到十分愉快。

我跳的力度似乎是大了一些，一下子就飛過了凱弗爾的頭頂。

❀ 4.6　月球上的射擊

蘇聯科學家齊奧爾科夫斯基寫過一本叫做《在月球上》的小說，接下來這個故事就是來自這本書，它可以幫助我們理解重力作用下的運動條件。地球上的大氣阻礙著它裡面的物體的運動，由此使得原本簡單的物體墜落定律，因為有了很多附加條件而變得複雜。月球上是完全沒有大氣的，如果我們可以到月球上做科學實驗的話，月球就會是一個研究物體落下的極佳實驗室。

我們現在來看這篇小說中的故事，故事中有兩個人在交談，他們都在月球上，正在研究從槍裡打出的子彈會怎樣運動。

「但是，火藥在這裡能起作用嗎？」

「爆炸物在真空中的威力甚至比在空氣裡更大，因為空氣會阻礙火藥的爆炸；至於氧氣，那是完全用不著的，因為火藥中本身所含的氧氣已經足夠了。」

「我們把槍口朝上，這樣子彈射出去之後就可以在附近找到⋯⋯。」

一道火光，微弱的聲音，以及土壤的微微顫動。

「槍塞在哪裡？它應該就在附近。」

「槍塞是跟子彈一起飛出去的，它不會落在子彈的後面，因為地球上有大氣阻礙著它和子彈一起飛走，但是在這裡，就連羽毛落下的速度，也和石頭是一樣的。你拿一片小羽毛出來，我拿一個小鐵球，你能夠像我一樣輕易地用羽毛擊中一個目標，哪怕這個目標很遠。由於重力很小，所以我能把小球擲到 400 公尺遠的地方，你也能將羽毛投擲得那麼遠，當然，你的羽毛不會破壞任何東西，甚至投擲的時候也感覺不到你是在扔東西。我們兩個人的力氣差不多，讓我們用盡全力把手中的東西投向同一個目標——那塊紅色的花崗岩吧⋯⋯。」

結果羽毛就像被強烈的旋風吹著一樣，竟然還在鐵球前面一點。

「這是怎麼一回事？從開槍到現在已經過去三分鐘了，子彈還沒有掉下來！」

「再等兩分鐘吧，它應該很快就回來了。」

果然，兩分鐘之後，我們感到地面有微微的顫動，同時在不遠的地方，看到了正在跳動著的槍塞。

「子彈飛的時間可真長，它能飛得多高呢？」

「70 公里，因為這裡的重力小，沒有空氣阻力，所以子彈能飛這麼高。」

我們來檢驗一下。如果子彈脫離槍口的時候的速度是每秒鐘 500 公尺，那麼，在地球上沒有空氣的時候，這顆子彈的上升高度是：

$$h = \frac{v^2}{2g} = \frac{500^2}{2 \times 10} = 12500 \text{ 公尺}$$

也就是 12.5 公里。但是月球上的重力只有地球的 $\frac{1}{6}$，所以 g 也應當只有 $\frac{10}{6}$ 公尺／秒^2。所以，子彈在月球上可以飛的高度是：

$$12.5 \times 6 = 75 \text{ 公里。}$$

⌘ 4.7　無底洞

　　關於地球內核部分是由什麼物質組成的，現在人們知道得還很少。有人認為，在幾百公里厚的堅硬地殼下面，應當是熾熱的液態物體；有人認為，整個地球一直到中心都是凝固的。要解決這個問題並不簡單：要知道現在最深的礦井也只有 7.5 公里，人類能到達的礦井只有 3.3 公里（南非洲有一個金礦，礦井口高出海平面 1600 公尺，也就是說，從海平面算起，這個井深 1700 公尺），而地球的半徑是 6400 公里。如果能沿著地球的直徑鑿一個洞，將地球鑿穿，那麼類似的問題就能得到解決，但現代科學還不能使我們完成這樣的任務 —— 雖然現在地球上所有井的深度總和已經超過了地球的直徑。關於通過地球鑽地道的事情，18 世紀的數學家莫佩爾蒂和哲學家伏爾泰也都夢想過，法國天文學家弗拉馬里翁曾經重提過這個計畫，我們把他設計的關於這個計畫的

圖 43　如果沿著地球的直徑鑽個洞

圖紙複製在此。

當然，並沒有眞的做過類似的事情。但是我們可以利用想像的無底洞來做一個有趣的實驗：假如你掉進了一個無底洞（暫時忽略空氣阻力），你會發生什麼事情？你不會掉到洞底去，因爲沒有洞底，那你會停在哪裡呢？停在地球的中心？不是。

當你落到地球中心的時候，你的身體會獲得一個很大的速度（差不多每秒鐘 8 公里），使得你根本無法在這一點停留，你會不斷地向下飛去，運動速度慢慢減小，直到你到達洞的另一側邊緣。你這時候應當緊緊地抓住洞的邊緣，否則你又會重新落到洞裡去，再來一次穿越洞的旅行。如果你沒來得及抓住什麼東西的話，你就會沒完沒了地在洞裡來回擺動。力學原理告訴我們，在這種情況下，物體應當不停地來回擺動（不把空氣阻力計算在內）[1]。

那麼，這樣穿洞一次，需要多長時間呢？整個路程來回大約需要 84 分 24 秒（圖 44）。

弗拉馬里翁繼續說：

圖 44　物體掉進穿過地心的洞以後，就會不停地在洞的一端到另一端來回擺動，每一個來回的時間是 1 小時 24 分鐘

1　如果有空氣阻力的話，這種來回的擺動就會逐漸減弱，最後人會停留在地球的中心。

這種情況的發生，是在這個洞沿著地球的一極向另一極掘出的時候。但是如果我們把出發點改在其他緯度上，比如說歐洲、非洲或者大洋洲，那麼就得把地球自轉的影響考慮進去。我們知道，赤道上每一點每秒鐘的速度是 465 公尺，而巴黎則是每秒鐘 300 公尺。因為隨著距離地球自轉軸的距離增加，圓周速度越大，所以扔進洞裡的小鉛球不會筆直地往下落，而是會略微向東偏移。如果在赤道上鑿這樣的無底洞的話，那麼它的直徑就應該很大，因為它會十分傾斜，並且從地球表面掉落的物體，會遠離地心偏向東方。

如果這個洞的入口在南美洲的一個高原上，假設高原的高度是 2000 公尺，洞口就應該是在海洋上，那個不小心落進南美洲一端洞口的人，在到達對面洞口時的速度，一定可以使他在出洞後再往上飛 2000 公尺。

如果這個洞的兩個洞口都需要在海面上，那麼穿越洞的人在洞口的速度就會是零。在前一種高原情況下，我們就應該小心，不要和那位飛速前進的旅行家在洞口撞上了。

✂ 4.8　一條童話中的道路

從前，聖彼德堡發行過一本書名很奇怪的小冊子，叫做《聖彼得堡與莫斯科之間的自動地下鐵路。一本只寫了三章，待續未完的科幻小說》，這本小冊子的作者提出了一個很聰明的規畫，凡是對物理學中奇怪現象感興趣的人，都對此相當好奇。

他的計畫是，挖掘一條恰好長 600 公里的隧道，把俄國新舊兩個首都用一條筆直的地下通道連接起來，這樣，人們就可以在筆直的道路上行走，而不用走彎路了，這將是人類第一次這樣做（作者是想，我們的道路都是沿著彎曲的地面建築而成的，都是呈弧形的，

而它設計的道路是筆直的，是沿著一條弦的）。

如果真能造出這樣一條隧道的話，這條隧道將會擁有世界上任何一條道路都沒有的特性，這個特性就是：任何車輛在這樣的道路上都能自己行動。大家回想一下我們說的穿越地心的無底洞，聖彼德堡到莫斯科的這條通道，也是一個無底洞，只不過它不是沿著地球的直徑，而是沿著一條弦開掘的。當然，看看圖45可能會覺得，這個隧道是水平的，火車一定不能利用重力在裡面行駛；但這是錯覺。大家可以想像著朝向隧道的兩端畫兩條地球半徑（半徑方向是垂直的），這時候就會明白，隧道並不是和垂直線呈直角，而是傾斜的。

圖 45　如果在聖彼德堡和莫斯科之間挖一條隧道，那麼火車不需要火車頭，靠自身的重量就可以在裡面來回行駛

在這樣的傾斜的隧道裡，任何物體都可以在重力的作用下來回移動，並且總是緊貼隧道底部。如果隧道裡有鐵軌，那麼火車就會在裡面滑行，車身的重量可以取代火車頭成為牽引力，開始的時候，火車會行駛得比較慢，但接下來火車的速度會越來越大，不久速度就快到難以想像，最後隧道裡的空氣會明顯地阻礙火車的運動。現在我們暫且不考慮空氣的阻力，繼續研究火車的運動。火車接近隧道中間點的時候，速度會極大 —— 比炮彈還要快幾倍！這樣的速度差不多可以使火車一直到達隧道的另一端，如果沒有摩擦力的話，「差不多」三個字也用不著了，火車不需要火車頭，也會自己從聖彼德堡開到莫斯科。

火車走一趟需要的時間，和物體穿過沿著地球直徑開掘的無底洞需要的時間一樣：42分12秒。這一點非常奇怪 —— 時間的長短居然和隧道的長短沒有關係，從聖彼德堡到莫斯科，從莫斯科到符拉迪沃斯托克，從莫斯科到墨爾本，需要的時間都是一樣的[2]。

任何其他的車輛（搖車、馬車和汽車等）需要的時間都是一樣的。這種童話般的道路並不是真的像童話中所說那樣自己會移動，但是所有的交通工具都可以在它上面飛馳，用難以想像的速度從一端駛向另一端！

ᘓ 4.9　怎樣挖掘隧道？

圖 46 展示的是三種挖掘隧道的方法。請問，哪一條隧道是水平掘出來的？

不是上面的一條，也不是下面的一條，而是中間沿著弧線挖掘的那一條，這條弧線上的所有點都跟垂直線（或者地球的半徑）成直角。這是一條水平的隧道，因為它的曲率和地面完全符合。

大型的隧道通常都是按照圖 46 的方式建造的 —— 沿著在隧道兩端與地面相切的兩條直線延伸的。這樣的隧道，在開始的時候微微向上隆起，然後再稍微向下傾斜，這樣做的好處是使隧道裡不會積水，水會自己流出洞口。

如果隧道是嚴格按照水平方向建造的，那麼長的隧道就會是弧形，隧道裡面的水也不會外流，因為隧道裡面每一處的水都處於平衡狀態。如果這樣的隧道超過 15 公里（瑞士辛

2　還有一個跟無底洞相關的奇怪現象：物體在無底洞裡往返需要的時間，跟行星的大小無關，只跟密度有關。

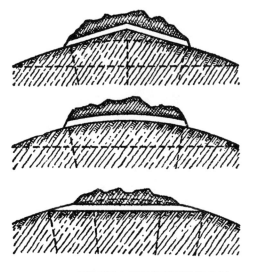

圖 46　三種通過山體開掘隧道的方法

普倫隧道長 20 公里），那麼站在隧道的一端的入口是無法看見另一端的，因為隧道頂端遮住了人們的視線，這種隧道的中間點比它的兩端要高出至少 4 公尺。

最後，如果沿著直線開掘隧道，那麼這條隧道就會從兩端向中間點傾斜。水不但不會從隧道裡面流出來，相反，會匯集到隧道中間最矮的部分。但是，站在隧道的一端就可以看見另一端，附圖中可以明顯地看出上述所講內容[3]。

3　從上述內容可以看出，一切水平線都是彎曲的，沒有筆直的水平線；但是，垂直線卻總是直的。

乘著炮彈去旅行

第 5 章

Physics

a+ b = c
c>0

在結束運動和引力定律講述之前，我們來研究一下去月球的幻想旅行，這在儒勒·凡爾納的小說《從地球到月球》和《炮彈奔月記》中有十分精彩的描寫。大家一定還記得，隨著北美戰爭的結束，巴爾的摩大炮俱樂部的成員們沒事可幹，於是決定鑄造一門大炮，使炮彈能裝進一顆極大的、裡面能坐得下乘客的空心炮彈，用大炮將這個炮彈車廂發射到月球上去。這個想法是不是有些荒誕呢？但首先，能不能給予一個物體那樣的速度，使得它離開地球表面之後就不再回來呢？

○8 5.1　牛頓山

現在我們先引述萬有引力發現者牛頓的幾句話。他在自己的《自然哲學的數學原理》中寫道（爲了通俗易懂，我們在此處意譯了原文）：

投擲出去的石塊在重力的作用下，偏離了直線方向，畫了一條曲線掉落到地球上。如果石塊投擲出去的速度大一些，它就會飛得遠一些，所以有可能發生這種情況：石塊沿著一條長達 10 英里、100 英里、1000 英里的弧線飛，甚至飛出地球的邊界再也不回來。假設圖 47 中 AFB 表示地球表面，C 表示地心，而 UD、UE、UF、UG 表示從很高的山頂向水平方向投擲出的物體在速度遞增情況下的運動曲線。我們將大氣的阻力忽略不計，也就是說，假設大氣完全不存在，速度最小的時候物體運動曲線是 UD，速度再大些的時候爲曲線 UE，速度更大的時候爲 UF、UG。在一定的速度下，物體就會環繞整個地球一周，然後回到投擲的山頂，因爲物體回到出發點的時候的速度並不比投擲出去的速度小，所以這個物體會沿著相

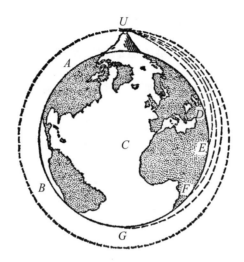

圖 47　在高山頂上用極大的速度向水平
方向投擲的石頭，應當怎麼落下

同的曲線繼續飛翔。

　　如果這座山頂有一門大炮，那麼從炮裡射出的炮彈，在速度達到一定大小的時候，就不會再掉回地球，而是繞著地球不停地旋轉，透過並不複雜的計算就可以知道，所需要的速度是每秒大約 8 公里；換句話說，從炮口射出去的炮彈，如果速度是每秒 8 公里的話，它就會離開地球表面，成為地球的一顆衛星，這顆衛星的速度是赤道上任何一點的 17 倍，繞地球一周需要 1 小時 24 分鐘。如果這枚炮彈的速度再大一些，那麼它繞地球的路線就不再會是一個圓，而會是拉長了一些的橢圓，並且會距離地球很遠，這種情況下的炮彈初速度需要達到每秒 11 公里（我們此時討論的是炮彈在真空中而不是在空氣中運動）。

　　現在我們來分析使用儒勒‧凡爾納提供的工具能否飛到月球上去。現代大炮射出的炮彈在第一秒鐘的速度不會超過 2 公里，這個速度只是物體能夠飛到月球所需要的初速度的 $\frac{1}{5}$；但是小說中的主人公們認為，只要他們鑄造一門極大的大炮，再裝上火藥，就可以得到很大的速度，可以把炮彈射到月球上去。

⚬ 5.2　幻想的炮彈

　　於是大炮俱樂部的成員們就鑄造了一門大炮，大炮長 250 公尺，垂直埋在地下，接著又鑄造了大小相當的炮彈，裡面有客艙，總重 8 噸，炮裡裝上火藥（火棉）160 噸。如果相信小說家的話，火藥爆炸之後，炮彈的速度是每秒鐘 16 公里，但由於有空氣摩擦，於是這個速度減小到每秒鐘 11 公里，這樣，儒勒‧凡爾納的炮彈就飛出了大氣邊界，並獲得了可以到達月球的速度。

　　這是小說中描述的情景，那麼物理學上怎麼說呢？

　　儒勒‧凡爾納的設計中站不住腳的地方，通常不是讀者容易產生懷疑的地方。首先，可以證明，使用火藥的大炮永遠不能賦予炮彈每秒鐘大於 3 公里的速度（這一點在《行星際的旅行》一書中有詳述）。

　　此外，儒勒‧凡爾納並沒有考慮到空氣的阻力，這個阻力在炮彈直徑如此大的情況下，可能會大大甚至完全改變炮彈的飛行路線。另外，這個乘著炮彈飛向月球的計畫，還有很嚴重的破綻。

最主要的危險還是對於乘客而言，大家不要以為，是在從地球飛向月球的時候產生危險，假如乘客們能安全離開炮口，那麼在之後的旅途中其實一點危險也沒有。乘客們坐在車廂中在宇宙間奔馳，飛行的速度雖然會很大，但是不會對他們有傷害，這就像地球圍繞太陽旋轉的速度雖然很快，但是地球上的居民卻沒有一點不適。

∞ **5.3　沉重的帽子**

對我們的乘客而言，最危險的是炮彈在炮膛裡運動那百分之幾秒的時間。因為在這十分微小的時間段裡，乘客在炮彈中的運動速度應當從零增加到每秒鐘 16 公里！難怪小說中的乘客在等待開炮的時候瑟瑟發抖呢！巴比爾根很肯定地說：「在炮彈射出的時候，坐在炮彈中的乘客所面臨的危險，並不比站在炮彈前面的人小。」這是完全正確的，的確，在炮彈發射的時候，從客艙底部打擊乘客的力量，跟在炮彈前進路上擊中的任何物體受到的力量是一樣大的，小說中的主人公們顯然低估了這個危險，他們認為最壞的情況也就不過是頭上出點血。

實際的情況卻是相當嚴重的，炮彈在炮膛裡是加速前進的：它的速度在火藥爆發時形成的氣體連續壓力下增大，在 1 秒鐘的時間內，這個速度從 0 增大到每秒鐘 16 公里。簡單起見，我們假設這個速度是等速增加的，這樣，為了在這麼短的時間內使炮彈的速度達到每秒鐘 16 公里，需要的加速度就應達到 600 公里／秒^2（參見 5.5 節）。

我們知道，地球表面的普通重力加速度只約有 10 公尺／秒^2，那麼這個數字的嚴重意

義就很明顯了[1]。由此可知，炮彈中的每一個物體，在炮彈發射的時候，加在艙底的壓力，會是這個物體重量的 60000 倍；換句話說，旅客們會覺得比平時重了幾萬倍！在這樣巨大的重力作用下，他們瞬間就會被壓死。巴比爾根先生頭戴的那頂大禮帽在發射的一瞬間會重達 15 噸（一輛滿載貨物的火車車廂的重量），這樣的禮帽一定會把它的主人壓成肉餅。

當然，小說中也描述了如何減小撞擊的辦法：在炮彈裡裝上有彈簧的緩衝裝置，在兩個底之間的空隙裝上盛滿水的夾層。這樣，撞擊的時間會稍微延長一些，速度的增加也會慢一些，但是在這樣大的力量作用下，這些裝置的作用太有限了，把旅客壓向地板的壓力也許會減小一些，但是一頂重達 14 噸或者 15 噸的禮帽不是同樣會壓死人嗎？

☙ 5.4　如何減小震盪？

力學可以告訴我們如何來減緩速度的急劇增加，就是把炮身加長幾倍就可以辦到。

如果我們需要在炮彈發射的時候，使炮彈內部的「人造」重力和地球上的普通重力相等，就需要把炮身造得非常長，大致的計算顯示：為此需要建造的大炮炮身不多不少恰好是 6000 公里。換句話說，凡爾納的「哥倫比亞號」大炮應當伸到地球內部去，一直延伸到它的正中心，這時候坐在炮彈裡面的乘客才不會有任何不舒服的感覺 —— 加在他們身上的除了普通重量之外，就只有由於速度慢慢增加而產生的極其微小的重量，他們感覺到的全

1　我還要補充一點，一輛競賽用的汽車，在開始快速運動的時候，加速度也不會超過 2～3 公尺／秒 [2]，一輛平穩出站的火車，加速度不超過 1 公尺／秒 [2]。

部重量只會比以前增加一倍。

但是，人體在極短的時間內，是能夠經受住比平時大幾倍的重力而不受損害的。我們乘著雪橇從山上滑下來的時候，運動方向快速發生改變，我們的重量在這一瞬間急劇增加，也就是說，我們的身體會比平時更有力地壓在雪橇上，重力增加到原來的 3 倍的時候我們不會感到不舒服。如果我們假設人在很短的時間內能夠承受住自身重量幾十倍的重量而不受損害的話，那麼，這門大炮炮身只需要 600 公里長就可以了。但這也沒有什麼值得慶幸的，因為從技術上來講，這樣的大炮是無法造出來的。

在這樣的條件下，儒勒・凡爾納的設計才有實現的可能性 —— 乘著炮彈去月球 [2]！

ⅭⳂ 5.5　寫給數學愛好者們的題目

本書的讀者中，一定會有一些人想要自己來驗證上述計算，我們再次附上這些演算法。不過，這些數值都是近似的，因為我們假定炮彈在炮膛裡是做等加速度運動的（實際上加速度並非總是相等的）。

計算的時候需要用到以下兩個等加速度的公式：

在 t 秒末的時候，速度 v 等於 at，a 是加速度：

$$v = at$$

2　作者在描寫炮彈的內部條件時，有一個重要的疏忽：作者沒有考慮到，炮彈射出去之後，炮彈裡面的東西在整個飛行期間會完全失重，因為引力使炮彈和炮彈裡的東西得到了相同的加速度（見 7.11 節）。

t 秒內經過的距離 S 可以透過以下公式計算出來：

$$S = \frac{1}{2}at^2$$

我們先用這兩個公式計算出炮彈在「哥倫比亞號」大炮炮膛裡的加速度。

從小說中我們知道，大炮沒有裝火藥的炮膛部分長 210 公尺，這就是大炮需要走的路程 S。

這樣我們就可以算出最終的速度：$v = 16000$ 公尺／秒。知道了 S 和 v 之後，就可以求出 t —— 炮彈在炮膛裡運動的時間大小（我們把這個運動看做是等加速運動）。由於：

$$v = at = 16000$$

那麼，

$$210 = S = \frac{at \cdot t}{2} = \frac{16000t}{2} = 8000t$$

可知：

$$t = 210 / 8000 \approx \frac{1}{40} \text{ 秒}$$

炮彈在炮膛裡差不多滑行了 $\frac{1}{40}$ 秒！把 $t = \frac{1}{40}$ 代入公式 $v = at$，可以得出：

$$16000 = \frac{1}{40}a$$

可以算出 $a = 640000$ 公尺／秒 ^{2}。

這就是說，炮彈在炮膛裡運動的加速度是 640000 公尺／秒 ^{2}，這比重力加速度幾乎大

了 64000 倍。

　　那麼需要多長的炮膛才能夠使炮彈的加速度只等於重力加速度的 10 倍，也就是 100 公尺／秒²呢？

　　這就是我們剛才演算法的逆運算，已知數據是 $a = 100$ 公尺／秒²，$v = 11000$ 公尺／秒（在沒有大氣阻力的情況下可以達到這樣的速度）。

　　從公式 $v = at$，可以得到 $11000 = 100\,t$，因此 $t = 110$ 秒。

　　從公式 $S = \dfrac{1}{2}\,at^2$ 可得，炮膛的長度應當是（11000×110）÷ 2 = 605000 公尺，取整數為 600 公里。

　　這樣計算得出的數字，就可以駁倒儒勒・凡爾納小說中誘人的計畫。

液體和氣體的性質

第 **6** 章

Physics

$a+b=c$
$c>0$

○8 6.1　不會淹死人的海

　　從古時候，人們就知道世界上有一個不會淹死人的海，這就是有名的死海。死海的水很鹹，因此任何生物都不能在海裡生存。巴勒斯坦炎熱少雨的氣候使得海面的水發生著劇烈的蒸發作用，但是蒸發的只是純水，溶解在水裡的鹽卻還留在海裡，所以海水裡鹽的濃度越來越大，這就是為什麼死海的海水含鹽量不是和大多數海洋一樣只有 2～3%（按重量計算），而是 27%，甚至更多（水越深鹽度越大）。如此，死海所含的物質當中，有 25% 是溶解的鹽，死海裡鹽的總含量大約有 40000000 噸。

　　死海海水高度的含鹽量使得它有一個特點：它的海水比普通的海水重很多。在這樣重的液體裡人是不會被淹死的，因為人體比它要輕。

　　我們身體的重量比同體積的濃鹽水輕很多，所以按照浮力規律，人在死海中是不會往下沉的，會浮在水面上，就像雞蛋浮在鹽水中一樣（雞蛋在淡水中會下沉）。

　　美國作家馬克‧吐溫在遊覽了死海之後，用幽默的筆觸描寫了他和同伴在死海中游泳的非同尋常的感覺：

　　這是一次有趣的游泳！我們不會下沉。在這個海裡，我們可以把身體完全伸直，可以把雙手放在胸部，仰臥在水面。我們身體的大部分都在水面上，同時還可以完全抬起頭來，人可以很舒服地仰臥著，把雙手抱著兩個膝蓋，一直抬到下顎 —— 不過這樣很快會翻跟斗，因為頭部太重；還可以頭頂著海水倒立起來，使自己從胸脯到腳尖這一段完全留在水面上，但不能長久地保持這一姿勢。在水裡不能游得很快，因為我們的雙腳完全露在水面，只能用

腳尖推水，如果你臉朝下游泳，那就不是向前游，而是往後了。馬在死海裡既不能游泳，也不能站立，因為身體太不穩定了，牠一進水裡，就會側躺在海面。

　　圖 48 中我們可以看到一個隨意躺在死海海面的人，較大的海水比重使得他能夠這樣躺著看書，並且還能拿著傘遮擋強烈的陽光。

　　卡拉博加茲戈爾（裡海的一個海灣）海灣的水（海水比重為 1.18）以及含鹽量達到 27% 的埃爾唐湖的水，也具有這些特別的性質。

　　進行鹽水浴的病人，也能體驗到這樣的感覺。如果水的含鹽量特別高（比如舊魯薩礦水），那樣的話，病人就必須使用很大的力氣，才能將自己的身體貼在浴盆底。我曾經聽說，一位在舊魯薩療養的女病人，生氣地抱怨道，水總是把她從浴盆裡往外推，她似乎更

圖 48　仰臥在死海海面的人（根據照片所畫）

傾向將此歸咎於療養院的管理員，而不是阿基米德原理。

不同的海洋中海水的含鹽量是不同的——因此船隻的吃水深度也不一樣。也許，有的讀者曾經見過輪船側面吃水線附近的一種叫做「勞埃德記號」的標記，這是用來表明船隻在不同密度的水裡的最高吃水線。比如，圖 49 中的載重標誌就表示了最高吃水線。

在淡水中（Fresh Water）……………………………………*FW*

在夏季的印度洋（India Summer）………………………… *IS*

夏季鹹水中（Summer）…………………………………… *S*

冬季鹹水中（Winter）…………………………………… *W*

在冬季的北大西洋（Winter North Atlantic）………… *WNA*

俄國從 1909 年起就規定要做這樣的標記。最後還需要指出，存在著這樣一種水：不含雜質的時候比普通水要重，它的比重是 1.1，也就是說比普通水重 10%；所以，在這樣的水池中，人即便不會游泳也不會被淹死。這種水叫做「重水」，它的化學式是 D_2O（它的氫原子比普通氫原子重一倍，符號是字母 D）。普通水中也含有少量的重水：10 公升飲用水中大約有 2 公克重水。

現在已經可以得到幾乎純淨的重水 D_2O 了，在這種重水中，普通水的含量只有 0.05%。

圖 49　右上角為輪船側面的載重標誌，記號原本是標在吃水線上，為了看得清楚些，我們把它放大了（字母的意思見正文）

⊗ 6.2　破冰船是如何作業的？

大家可以利用洗澡的時間做以下實驗。在走出浴盆之前，繼續躺在浴盆裡，打開它的

出水孔，這時候你的身體露出水面的部分越來越多，你會感覺到身體越來越重。你可以很清楚地看出，只要你的身體一露出水面，它在水裡失去的重量就會馬上恢復（可以回想一下，你在水裡的時候感覺自己是多麼輕）。

鯨魚在退潮的時候，如果留在了淺灘上，也會有同樣的感覺，這對動物來講是致命的——它會被自己巨大的重量壓死。這就難怪鯨魚需要住在水裡了：水的浮力可以拯救它，避免因重力的作用被壓死。

以上所講的內容和本節的標題有著很密切的關係。破冰船的工作也是基於這樣的現象：露在水面的那一部分船身，由於它的重力沒有被水的浮力作用抵消，所以依舊保留著自身在陸地上的重量。大家不要認為，破冰船在工作的時候，是使用自己的船首部分的壓力來將冰塊切斷的，這樣工作的不是破冰船，而是切冰船，這種作業方法只適用於比較薄的冰。

真正的海洋破冰船是按照另一種方法來作業的。破冰船上強大的機器發動的時候，能把船首移到冰面上去，而船首的水下部分也因此造得非常斜；船首出現在水面的時候，就恢復了自己的全部重量，這個極大的重量就能把冰壓碎。為了增強這個力量，有時候還要在船首的儲水艙裡盛滿水——即「液體壓艙物」。

在冰塊的厚度不超過半公尺的時候，破冰船就是這樣作業的，但若遇到更厚的冰塊，就要用船的撞擊作用來對付它。這時候破冰船往後退，用自己的全部重量向冰塊猛撞過去，此時起作用的已經不再是重量，而是運動著的船的動能了，船好像變成了一個速度不大，但是質量很大的炮彈，成了一個撞錘。

碰到數公尺高的冰山，破冰船就需要用它堅固的船首猛烈地撞上好幾次，才能將其撞碎。

參加過 1932 年著名的「西伯利亞人號」通過極地航行的水手瑪律科夫曾經這樣描述破冰船的作用：

在幾百個冰山中間，在密實的冰塊覆蓋的地方，「西伯利亞人號」開始了戰鬥。信號機上的指針在連續 52 小時的時間內，總是從「全速後退」擺動到「全速前進」。在 13 班每班 4 小時的海上工作中，「西伯利亞人號」向冰塊疾馳而去，用船首撞擊它們，爬到冰上把它們壓碎，然後又退回來，厚度達到 0.75 公尺的冰塊，慢慢地讓開了道路。每撞擊一次，船身就可以向前推進三分之一。

蘇聯曾經擁有世界上最大最強的破冰船。

6.3　沉沒的船隻去哪裡了？

有一種甚至在水手間都相當流行的觀點認為，在大洋裡沉沒的船隻不會沉到海底，而是一動不動地懸在深海的某個地方，在那裡，海水的密度「因為上面各層水壓的關係變得相當大」。

這種看法甚至連《海底兩萬里》的作者儒勒・凡爾納似乎也表示同意。在這本小說的第一章，他描寫一艘沉沒了的船一動不動地懸浮在水裡；在另一章裡，他又提到一些「浮在水裡的破船」。

這種觀點對不對呢？

這種見解似乎是有些證據的，因為水的壓力在深海裡的確可以達到很大的程度。沉在 10 公尺深處的物體，每平方公分受到的水壓只有 1 公斤；在 20 公尺的深處，這個壓力會是 2 公斤；100 公尺的深處是 10 公斤；1000 公尺則為 100 公斤。海洋有的地方深度有幾公里，大洋最深的部分（馬里亞納群島附近的深海）可以達到 11 公里。很容易就能計算出，在這些深水中，海水以及沉沒在其中的物體應當承受的壓力有多大。

如果把一個塞緊瓶塞的空瓶投入到深水中，然後再把它撈上來，會發現瓶塞已經被水壓進了瓶子，瓶子也已經裝滿了水。著名的海洋學家約翰·莫里在《海洋》一書中說他做了這樣一個實驗：將三根粗細不同的玻璃管兩頭燒熔封閉，然後把這些玻璃管用帆布裹上，放進一個上面有孔可以自由進出水的銅製圓筒裡，將這個圓筒放到 5 公里的深水處。當把這個圓筒撈出來之後發現，帆布裡面全是雪一樣的東西 —— 碎玻璃。如果把一塊木頭放到同樣深的水裡，等到撈出來之後會發現，木頭像磚塊一樣沉到筒底了，因為水將它壓縮成這樣了。

我們自然會想，這樣大的壓力一定會將深海的水壓得非常密實，使得重的物體到達那個地方之後不能再往下沉，就像秤砣在水銀裡不能下沉一樣。

但是這種看法是站不住腳的，實驗表明，水和一切液體一樣，是不容易被壓縮的。當 1 平方公分的水受到 1 公斤壓力的時候，體積只能縮小 $\frac{1}{22000}$；壓力每增加 1 公斤，體積縮小的幅度也差不多。如果我們想把水壓縮到使鐵可以浮在裡面的程度，那麼就需要把它的密度增加到原來的 8 倍；但是，如果需要把水的密度增加 1 倍，也就是把水的體積縮小一半，就得對 1 平方公分的水施加 11000 公斤的壓力（假設水在這種壓力下的壓縮率也這麼

大），這樣的壓力在海下 110 公里的深處才會有！

由此可見，要說大洋深處的水密度有很大的變化，是不對的。在水最深的地方，水的密度也就只是增加了 $\frac{1100}{22000}$ 倍，也就是正常密度的 $\frac{1}{20}$ 或 5%[1]，這基本上不會對水中的各種物體沉浮條件產生影響。另外，沉浸在這種水裡的固體物質受到同樣的壓力，因此也會變得更加密實。

因此，毫無疑問沉沒的船隻會一直到達海底。莫里說：「凡是在一杯水裡會沉底的東西，都會沉到海底最深處。」

我聽到有人對這種觀點提出反對意見：如果小心翼翼地將一個玻璃杯底朝天浸在水裡，它就會懸浮在水面，因為它所排開的那一部分水的重量，恰好和玻璃杯的重量相等。更重些的金屬杯子同樣會浮在水面，只不過水位更深一些，但是不會沉到水底。所以當巡洋艦或者其他船隻沉沒的時候，也應當會停留在通往海底的半路上，如果船上的某些地方密封了，空氣無法外泄的話，那麼船隻到達一定的深度之後，就會停在那裡不動。

要知道有不少船隻就是底朝天沉到海裡去的，所以海洋裡面一定有一些船隻是懸浮在深海中，而沒有沉到海底。只需要稍微給予這些船隻一點點推力，它們就可以失去平衡，船身翻轉過來，裝滿水，一直沉到海底去，但是在海洋的深處一片寂靜，連暴風雨的回聲都無法到達，哪裡會有這種推動力呢？

1　英國物理學家特特計算過，如果地球引力突然消失，水沒有了質量之後，海洋的水平面會平均上升 35 公尺（被壓縮的水恢復了原來的體積），這時候 5000000 平方公里的陸地就會被海水淹沒。原來這些陸地是因為周圍的海水被壓縮了，才出現在水面上的。

所有這些論證的物理學基礎都是錯誤的。底朝天的玻璃杯自己並不能沉到水裡去，和木塊或者用瓶塞塞緊了的空瓶一樣，必須在外力的作用下才能沉到水裡去；同樣，底朝天的船隻也不會往下沉，而是會停留在水面上，它不會停留在海洋通往海底的半路上。

ɞ **6.4　儒勒‧凡爾納和威爾斯的幻想是如何實現的？**

我們的許多潛水艇，在很多方面不僅趕上甚至超過了儒勒‧凡爾納幻想的「鸚鵡螺號」。當然，現在潛水艇的航行速度只有「鸚鵡螺號」的一半：當今潛水艇的速度是每小時 24 海里，儒勒‧凡爾納想像的是每小時 50 海里（1 海里大約是 1.8 公里）。現代潛水艇最長的航程是繞地球一周，而船長尼摩卻完成了兩倍的航程。但是，「鸚鵡螺號」的排水量只有 1500 噸，船上水手只有二、三十人，同時在水裡只能連續待上不超過 48 小時的時間。1929 年建造的屬於法國艦隊的「休爾庫夫號」潛水艇卻有 3200 噸以上的排水量，水手多達 150 人，在水下潛伏不動的時間可以達到 120 小時 [2]。

這艘潛水艇從法國港口到馬達加斯加不需要在任何一個港口停靠。「休爾庫夫號」上的居住環境同「鸚鵡螺號」一樣舒適。與尼摩船長的潛水艇比較而言，它還有一種顯著的優點：它的上層甲板上有不透水的飛機庫，可以用來停靠偵察用的水上飛機。我們還需要指出一點，儒勒‧凡爾納的潛水艇上並沒有潛望鏡，所以這艘潛水艇不能從水底觀察水面上

2　現代的核潛艇，能夠在不知道海水深度的海洋裡自由地航行。這種潛水艇可以長久地航行，不用浮出水面加油。1958 年 6 月 22 日到 8 月 5 日，美國「鸚鵡螺號」核潛艇完成了整個北冰洋的航行，航程從巴倫支海到格陵蘭島。

的情況。

　　現實中的潛水艇只有在一個方面遠遠落後於這位法國小說家的幻想：它無法入水那麼深。但需要指出的是，在這一點上儒勒・凡爾納的幻想超過了實際可行的範圍。我們可以在他的小說中讀到這樣的句子：「尼摩船長達到了海面下 3000、4000、5000、7000、9000、10000 公尺。」有一次，「鸚鵡螺號」還達到了 16000 公尺的深處，小說的主人公說：「我感到潛艇鐵殼上的拉條似乎在抖動，它的支柱好像在彎曲，窗戶在水的壓力下好像在向裡面凹陷。倘若我們的船不是像一個澆鑄而成的整體那樣堅固的話，它立刻就會被水壓成一塊餅了。」

　　這種擔心是有道理的，因為水下 16 公里深處（如果大洋中有那樣深的地方的話），水的壓力可以達到 16000÷10 = 1600 公斤／平方公分，或者 1600 大氣壓。

　　這樣大的壓力不能將鐵塊壓碎，但是毫無疑問會壓壞船的構造。可是現代海洋地圖上還沒有這樣深的地方，儒勒・凡爾納時代的人都認為海洋有這麼深，這是因為那時候的探測工具還不夠發達。那時候用來做測深線的是麻繩而不是鐵絲，這樣的測深線入水之後，就會被水的摩擦截住，在一定的深度，這種摩擦會使得測深線再也無法繼續往深水放，因為麻繩糾纏在一起，因為這樣給了人們一種錯誤的印象，以為水很深。

　　現代潛水艇最多能承受 25 個大氣壓。這就決定了它們的最大潛水深度為 250 公尺。想要下沉到更深的地方就需要使用叫做潛水球的特殊裝置（圖 50）：這是專門用來研究深海的動物群的。它的形狀就像另一位小說家威爾斯在《在海洋深處》中寫的深水球一樣，故事的主人公乘坐一個厚壁鋼球，到了 9 公里的海底；這個鋼球潛水的時候使用的不是繩索，而是可卸的重物，到達海底之後，潛水球就可以拋掉重物，然後快速上升到海面。

圖 50　用來沉到海洋深處去的鋼製潛水球，曾有人乘坐這
　　　　個裝置在 1934 年達到 923 公尺的深處（球壁厚 4
　　　　公分左右，直徑 1.5 公尺，重 2.5 噸）

　　科學家乘坐潛水球到達過 900 公尺的深處，潛水球是用鋼索從船上放進深海的，坐在裡面的人可以用電話和船上的人保持聯繫。

　　不久以前，有些國家建造了幾艘用於研究深水的特殊裝置 —— 深海潛水器，它和潛水球最大的不同在於，深海潛水器可以在深海運動、游動，而潛水球只能懸在鋼索下面。開始的時候，這種潛水器被放到水下 3000 多公尺的地方，後來達到 4050 公尺；1959 年 11 月，這種裝置下沉到 5670 公尺；1969 年 1 月 9 日，到達 7300 公尺；1969 年 1 月 23 日，到達 11000 公尺。

♋ 6.5 「薩特闊號」是如何打撈上來的？

　　在廣闊無邊的海洋上，每年都有成千艘大小船隻沉沒，尤其是在戰爭年代。那些很有價值而且可以打撈的船隻都已經被打撈上來。蘇聯「水下特種作業隊」的工程師和潛水夫們就曾經因為成功打撈了 150 多艘大型船隻而聞名於世。這些船隻中有一艘是 1916 年在白海沉沒的「薩特闊號」破冰船，它是由於船長的疏忽而沉沒的，它在海底躺了 17 年，最後被「水下特種作業隊」打撈上來並修理好了。

　　打撈技術完全是基於阿基米德原理，在沉沒的船隻下面的海底，潛水員挖掘了 12 道溝，每道溝裡放上一條結實的鋼條，鋼條的兩頭被固定在特意放在破冰船兩旁的浮筒上。全部工作都是在海平面以下 25 公尺深處完成的。

　　用來當作浮筒（圖 51）的是一些不會漏氣的空鐵筒，長 11 公尺，直徑 5.5 公尺，每一個空鐵筒重 50 噸。按照幾何定理，很容易算出它的體積：差不多 250 立方公尺。顯然，這

樣的空筒是會浮在水面上的：它排開的水有 250 噸，但本身就只有 50 噸；它的浮力等於 250 噸減去 50 噸，即 200 噸，為了把浮筒放入海底，在它內部裝滿了水。

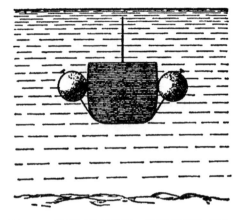

圖51　打撈「薩特闊」號示意圖（圖上畫的是破冰船、浮筒和鋼帶的剖面圖）

如圖 51 所示，當鋼條的末端都固定在沉在海底的浮筒上之後，就開始用軟管往浮筒內部注入壓縮空氣。25 公尺深水處的大氣壓力是 $\frac{25}{10}$ +1，也就是 3.5 個大氣壓力。空氣在差不多 4 個大氣壓力下作用於浮筒，所以能把水從浮筒中排出來，浮筒變輕之後，周圍水的巨大力量就能把它們推向海面，它們就像氣球在空中上升一樣，從水裡浮上來。當所有浮筒的水都排出之後，它們的總浮力是 $200 \times 12 = 2400$ 噸——超過了沉沒的「薩特闊號」的重量。因此，為了能更平穩地把船撈上來，浮筒裡面的水只能排出一部分。

儘管如此，「薩特闊號」還是經過了幾次失敗的嘗試之後才被打撈上來。「水下特種作業隊」主任工程師波布利茨基寫道：「有三次，我們在緊張地等待著，但看到的不是船，而是混在波濤和泡沫之間的一些浮筒和破碎的軟管。有兩次船已經被撈上來了，但我們還沒有來得及將它繫住，它又重新沉了下去。」

○ **6.6**　水力「永動機」

在為數眾多的「永動機」設計中，有不少是根據物體在水裡的浮力原理製造的，我們選一種來談談。有一座高 20 公尺的裝滿水的高塔，上下兩頭各有一個滑輪，滑輪上繞上了一條堅固的循環帶似的鋼繩，鋼繩上有 14 個邊長為 1 公尺的空方箱，方箱是鐵皮做的，不會透水。圖 52 和圖 53 是這種塔的外觀和剖面圖。

這種裝置是如何工作的呢？每一個熟悉阿基米德原理的人都會這樣想：那些位於水裡

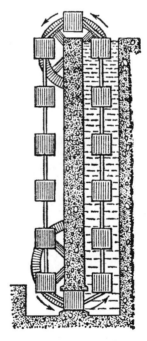

圖 52　想像的「水力永動機」設計圖　　圖 53　水塔的構造圖

的方箱會浮向水面。吸引它們上浮的是它們排開的水的重量，也就是 1 立方公尺水的重量乘以浸在水裡的方箱的數目。從圖上可以看出，總會有 6 個箱子在水裡，這就是說，拉動方箱上浮的力等於 6 立方公尺的水的重量，也就是 6 噸。方箱本身的重量當然也在把它們拉向水底，但是掛在水塔外面繩索上的有 6 個自由下垂的方箱，所以兩邊的力量就應當是平衡的。

這樣，那條按照上述方法轉動的鋼繩，就一直承受著 6 噸向上的壓力；顯然，這個力量會迫使鋼繩不停地在滑輪上滑動，每轉一圈所做的功是 6000×10（$g = 10$）×20 = 1200000 焦耳。

現在就可以知道，如果一個國家布滿了這樣的塔，那麼我們就可以從中得到無窮的功，可以供給整個國家經濟的需要，塔可以轉動發電機，使我們得到無限的電能。

但是，如果仔細研究這個設計，就會發現，鋼繩根本就不會動。

為了使這根停止的鋼繩轉動，必須讓這些方箱能夠從下面進入水塔，並從上面離開水塔。但是方箱進入水塔的時候，必須要克服 20 公尺高的水塔壓力，這個壓在每一平方公尺方箱上的壓力恰好是 20 噸（20 立方公尺水的重量），而向上的牽引力只有 6 噸，顯然這是不足以把方箱拉進水塔裡面去的。

在無數的水力「永動機」中，有上百個是失敗的發明家想出來的，不過在這些設計中，也有不少簡單巧妙的。

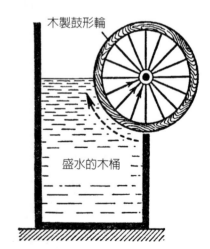

木製鼓形輪

盛水的木桶

圖 54　另一個水力「永動機」設計圖

我們來看圖 54，一架裝在軸上的木製鼓形輪，它的一部分總是浸在水裡，如果阿基米德原理是對的，那麼浸在水裡的那部分就會上浮，只要水的推力比軸上的摩擦力大，鼓形輪就會轉動不止。

但是先不要急著製造這樣一個水力「永動機」！因為你一定會失敗的，因為鼓形輪不會轉動。為什麼會這樣呢？我們的推理有什麼錯誤呢？原來，我們沒有考慮到各種作用力的方向，這些力永遠是和鼓形輪的表面垂直，也就是和通往軸的半徑方向相同。生活經驗告訴我們，順著鼓形的半徑施壓，是不能讓鼓形轉動起來的；要使鼓形轉動，就需要順著鼓形圓周的切線施壓力。現在不難明白，為什麼類似的「永恆」運動總是以失敗告終了。

阿基米德原理給了那些想發明「永動機」的人們誘人的精神糧食，也鼓勵他們想方設法去把似乎已是失去的重量當做機械能的永恆動力，他們也設計出了許多極為聰明的裝置。

❡ 6.7　「氣體」、「大氣」這些詞是怎麼想出來的？

「氣體」這個詞是科學家們發明出來的，除此之外還有「溫度計」、「電燈」、「電流表」、「電話」以及「大氣」等，在所有這些被發明出來的詞彙當中，「氣體」（gas）這個詞無疑是最短的。荷蘭化學家、醫生赫爾蒙特（1577～1644，和伽利略同時代的人）將希臘詞 chaos 譯成了 gas（氣體）。他發現空氣是由兩個部分組成的 —— 一部分是可燃的或者可以助燃的，另一部分卻沒有這種性質，赫爾蒙特寫道：

我將這種東西叫做氣體（gas），因為它和古代的 chaos 沒有什麼分別（chaos 的最初意

義是指「發光的空間」）。

但從此之後的很長一段時間，這個新詞並沒有被採用，直到 1789 年才被拉瓦錫發現並推廣。當蒙哥爾費兄弟首次乘坐氣球飛行被人們廣為談論之後，這個詞才得到了廣泛的流傳。

羅蒙諾索夫在他的文章中用了另一個詞表示氣體 —— 有彈性的液體（直到我上中學這個詞都還在使用）。應該說，在俄語中現在仍在使用的科技詞彙，有不少都是由羅蒙諾索夫所命名的：大氣、氣壓計、晴雨表、測微器、抽氣筒、光學、電燈、結晶、乙太、物質等。

這位俄羅斯自然科學的鼻祖這樣寫道：「我不得不找一些詞語來命名一些物理工具、現象和事物，儘管這些詞彙乍看起來有些奇怪，但是我希望隨著時間的推移，它們會被推廣，為人們所熟知。」

我們可以看到，羅蒙諾索夫的願望已經完全實現了。

與此相反的是，著名的《俄語詳解詞典》作者達里用來代替「大氣」的詞，因為太麻煩而沒有人拿來運用，他所發明的其他新詞也同樣沒有得到推廣應用。

○8 6.8 一道看似簡單的題目

一個可以裝 30 杯水的茶桶中盛滿了水，將一個杯子放在茶桶水龍頭下面，眼睛盯著手裡的碼錶，看看碼錶上的秒針走多久，茶杯中的水才會滿。假設這需要半分鐘，現在我們提出這樣一個問題：如果讓茶桶的水龍頭一直開著，茶桶裡的水多長時間才會流完？

　　表面上看來，這簡直就是一道連小孩子都會做的題目：既然一杯水需要半分鐘，那麼流完 30 杯水的時間當然就是 15 分鐘了。

　　我們實際上來做這一個實驗，結果發現，茶桶中的水全部流出來需要的時間不是 15 分鐘，而是半小時。

　　這是為什麼呢？這個算術明明很簡單啊！

　　上述計算方法是很簡單，但是不對，因為不能認為水流的速度自始至終都是一樣的。第一杯水流出來之後，水流受到的壓力已經因為茶桶水位的降低而減小了，顯然，要把第二個杯子裝滿，需要比半分鐘更多的時間，而第三杯水會流得更慢，以此類推。

　　任何一種裝在沒有蓋的容器中的液體，從孔裡流出來的速度跟孔上面的液體柱高度成正比。伽利略的學生托里拆利首先指出了這個關係，並用簡單的公式表達了出來：

$$v = \sqrt{2gh}$$

　　這裡的 v 是指液體的速度，g 是重力加速度，而 h 是孔上面液體柱的高度。從公式可以看出，流動液體的速度完全跟液體的濃度無關 —— 輕的酒精和重的水銀在液面高度一樣的情況下，從孔中流出來的速度是一樣的（圖 55）。由這個公式可知，在重力是地球 $\frac{1}{6}$ 的月球上，裝滿一杯水需要的時間是地球上的 2.5（$\sqrt{6} \approx 2.5$）倍。

　　我們再回來看我們的題目，如果茶桶中的水已經流出了 20 杯，那麼裡面的水面（從水龍頭的孔算起）就降低到了以前的 $\frac{1}{4}$，第 21 杯水就會比第一杯慢一半；如果水位降到原來的 $\frac{1}{9}$，那麼裝滿下一杯水需要的時間就應當是第一杯的 3 倍了。所有人都知道，茶桶裡快

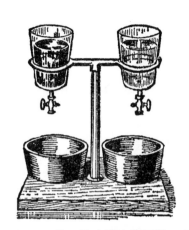

圖 55　哪一種液體流得更快？是
　　　　水銀，還是酒精？（容器
　　　　中的液面高度是一樣的）

沒有水的時候，從裡面流出的水速度是很慢的。解答這個問題需要用到高等數學：使一個容器中的液體全部流出來所需要的時間，是使同體積的液體在原始水面不變的情況下完全流出來所需要的兩倍時間。

6.9　一道關於水槽的題目

　　我們現在進一步講解大家都熟知、每一本算術習題集和袋鼠習題集都會收錄進去的一道關於水槽的題目，大家也許都還記得這樣一道經典而枯燥的習題：「一個水槽中有兩根水管。第一根管子可以在 5 小時內把水槽裝滿；第二根管子可以在 10 小時內將水槽的水放

完。如果同時開兩根管子，需要多少小時才能把這個空水槽裝滿水？」

這個題目具有很久遠的歷史 —— 至少20個世紀了，可以追溯到亞歷山大的希羅時代。下面是希羅提出的問題之一 —— 與他之後的人相比，這個問題確實要簡單很多：

一個大水池有四個噴泉。

第一個噴泉一畫夜可以把水池灌滿；

第二個噴泉兩天兩夜才能做完同樣的工作；

第三個噴泉的能力是第一個的三分之一；

最後一個噴泉需要四週才能裝滿水池。

請告訴我，如果四個噴泉同時工作，

需要多長的時間可以裝滿水池？

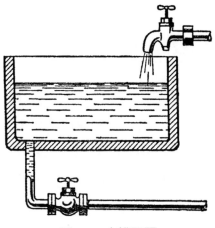

圖 56　水槽問題

這類關於水槽的問題人們已經解答了兩千年，但兩千年來都解錯 —— 墨守成規的力量竟然這麼大！在了解了剛剛所講的關於水流問題的內容之後，大家就會明白爲什麼人們會解答錯了。水槽問題一般是怎麼解答的呢？第一個問題一般是這樣來解答的：在 1 小時的時間內，第一根管子能把水槽灌滿 $\frac{1}{5}$，第二根管子把水抽走 $\frac{1}{10}$；這就是說，如果同時開放兩根管子，每小時灌進水槽的水是 $\frac{1}{5} - \frac{1}{10} = \frac{1}{10}$，由此可知，灌滿水槽需要的時間是 10 小時。但這種推理是不正確的：如果說進水是在相同的壓力下進行，也就是說水流是均勻的；那麼出水的時候由於水面越來越高，水流就是不均勻的。由第二根水管抽完水需要 10 小時，完全不能下結論說每小時流走的是 $\frac{1}{10}$ 水槽的水，可見，中學數學解答這個問題的方法是錯誤的。這個問題用初等數學是解答不了的（涉及水往外流的問題），因此就不應該把這類習題收錄在算術習題集裡。

ᗒ *6.10* 一個奇怪的容器

能否製造這樣一個容器，使得水往外流的時候，儘管液面在降低，水流也會很均勻不會變慢？從上面幾個章節的內容，大家也許會說這是不可能的。

但這是完全可以辦到的。圖 57 畫的正是這樣一個奇怪的容器，這是一個普通窄頸瓶，有一根玻璃管穿過它的塞子，如果把玻璃管下方的水龍頭 *C* 打開，液體就會均勻往外流，一直到容器裡的液面降到跟玻璃管下端相等爲止。如果把玻璃管的位置放到和水龍頭差不

多相等的地方，就可以使全部液體均勻地從容器流出，儘管水流會很弱。

　　這是爲什麼呢？我們來觀察，當水龍頭 C 開著的時候，容器裡會發生什麼變化（圖57）。首先水會從水龍頭中流出來，容器裡面的液面會降低到玻璃管下端；隨著水繼續往外流，水面繼續下降，外面的空氣會從玻璃管中進入瓶裡，空氣在水裡會產生氣泡，然後匯聚在容器上面的水面，這個時候在 B 處水平面的壓力等於大氣壓力。也就是說，只有在 BC 那一層的水的壓力下水才從水龍頭 C 流出，因爲容器內外的大氣壓力是可以相互抵消的。由於 BC 層的水高度是不變的，所以從水龍頭 C 流出的水速度是不變的。

　　現在請回答這樣一個問題：如果將玻璃管下端水平位置處的塞子 B 拿走，水會流得多快呢？

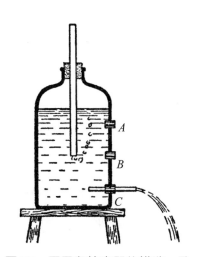

圖 57　馬里奧特容器的構造：孔
裡流出的水流速度很均勻

實際上，水並不會外流（當然這是說孔非常小，可以不用計算它的直徑的情況。否則，水會在跟孔的直徑一樣厚的那一層水的壓力下往外流）。其實，這裡的內外部壓力都和大氣壓力是一樣的，沒有什麼力量可以迫使水往外流。

但是如果把高於玻璃管下端的塞子 *A* 拿走的話，不僅水不會從容器外流，外面的空氣還會進入到容器裡。為什麼？原因很簡單 —— 容器的這一部分空氣的壓力比外面的空氣壓力小。

具有這種特殊性質的容器是物理學家馬里奧特想出來的，因此也叫做「馬里奧特容器」。

6.11 空氣的壓力

17 世紀中期雷根斯堡的居民看到了奇怪的一幕：16 匹馬一起拉著合在一起的兩個銅製半球，8 匹馬往這邊拉，另外 8 匹馬向另一個方向拉，這些馬用盡全力都沒能將兩個半球拉開。是什麼東西讓它們黏合得如此緊密呢？「沒什麼，是空氣。」市長就這樣讓大家親眼見證了空氣並不是「沒什麼」，而是有重量的，並且對地面上所有的物體施加極大的壓力。

這個實驗是 1654 年 5 月 8 日進行的，是在一個極其隆重的場合，儘管當時政治混亂、戰火彌漫，但這位身為科學家的市長卻用自己的科學探索吸引了眾人的目光。

這就是著名的「馬德堡半球」實驗，在物理學教科書中都有敘述。但我相信，讀者一定有興趣從蓋里克 —— 這位「德國的伽利略」口中來了解這個故事吧？有關這位學者的實驗書籍的篇幅很長，是用拉丁文所著，1672 年在阿姆斯特丹出版。同那個時代所有的書籍一樣，這本書有一個很長的標題：

奧托‧馮‧蓋里克
在無空氣的空間裡進行的所謂新的馬德堡實驗

實驗最初是由維爾茨堡大學數學教授卡斯帕爾‧肖特所描述的。
著者自己出版的是內容更詳盡，並有各種新實驗的版本。

　　這本書的第 23 章講述的就是我們感興趣的這個實驗。以下是直譯：

　　實驗證明，空氣壓力能將兩個半球壓得十分牢固，甚至 16 匹馬都沒法將其拉開。

　　我訂做了兩個直徑為 $\frac{3}{4}$ 馬德堡肘[3]的銅製半球，但實際上它們的直徑只有 $\frac{67}{100}$ 肘，因為工匠們一般都不會做得像要求的那樣精確。兩個半球能夠完全吻合，一個半球上裝了活塞，透過這個活塞可以完全抽掉裡面的空氣，並且能阻止外面空氣進入。此外，在兩個半球外面安裝了 4 個環，環上繫有繩子，繩子綁在馬的鞍具上。我吩咐人縫了一個皮圈，並將皮圈放在蠟和松節油的混合物裡浸透，把皮圈夾在兩個半球中間，這樣空氣就無法進入半球了，然後在活栓上裝上抽氣管子，把球裡的空氣抽出來，這樣就可以看出，兩個半球是透過很大的力量被皮圈緊緊黏附在一起的。外面的空氣將它們壓得如此緊，以至於 16 匹馬拼命掙扎也不能將其拉開，或者只有耗費相當大的力才能拉開。當馬匹費盡力氣最後終於將兩個半球拉開之後，發出了巨大的如同放炮般的響聲。

　　但是只要轉動一下活栓，使空氣流進球裡面，就能用手輕易把兩個半球拉開。

3　一個「馬德堡肘」等於 550 毫米。

透過一個簡單的計算可以告訴我們，為什麼需要用這樣大的力量（每邊各 8 匹馬）才能把一個空球的兩個部分拉開。空氣在每平方公分上的壓力大約是 1 公斤，直徑 0.67 肘（37 公分）的圓面積 [4] 等於 1060 平方公分。這就是說，每個半球上的大氣壓力應當超過 1000 公斤（1 噸），因此，這 8 匹馬需要用 1 噸的力量才能克服外空氣的壓力。

對 8 匹馬來講這似乎並不是一個很大的重量，但大家不要忘了，平常馬拉 1 噸重的貨物時，所要克服的並不是 1 噸的重量，而要小很多 —— 這是車輪和車軸之間、車輪和道路之間的摩擦力，比如說在公路上摩擦力只不過是貨物重量的 5%，也就是說 1 噸貨物的摩擦力只有 50 公斤（我們還有一點沒談到：將 8 匹馬的力量合在一起，拉力會損失一半）。因此，8 匹馬的 1 噸拉力相當於一輛重 20 噸的貨車，這就是馬德堡市長的馬需要克服的空氣壓力！它們如同是在拉一台不在鐵軌上的小火車頭。

測量表明，一匹健碩的駄馬拉貨車的時候能用的力量不超過 80 公斤，因此，為了拉開馬德堡半球，在拉力平衡的情況下，每一邊都需要 $1000 \div 80 \approx 13$ 匹馬。

讀者如果知道我們骨骼的某些關節之所以不會脫落，與馬德堡半球不容易分開的原因是一樣的，一定會覺得驚奇。我們的髖關節正是這樣的馬德堡半球，即使我們把連在這個關節上的肌肉和軟骨都去掉，大腿還是不會掉下來 —— 關節之間的間隙裡面是沒有空氣的，因此大氣把它們緊緊地壓在一起了（圖 58）。

4　這裡用的是圓面積，而不是半球的表面積，因為大氣的壓力只有垂直作用於表面的時候，才會有上述資料（斜面上的壓力會比較小）。這裡我們用的是球的表面投在平面上的正射影，也就是大圓的面積。

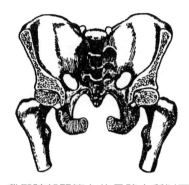

圖 58　我們髖部關節上的骨骼之所以不會脫開，
同馬德堡半球一樣，是由於大氣的壓力

∽ 6.12　新的希羅噴泉

　　古代力學家希羅設計的普通形式噴泉，很多讀者都不陌生。在談論這種有趣裝置的新形式之前，我們來談一下它的構造。希羅噴泉（圖 59）由 3 個容器組成：上面一個是沒有蓋子的容器（a），下面是兩個封閉的球（b、c）。如圖所示，有三根管子將這三個容器連接在一起。當容器 a 中裝有一些水，b 球裡面裝滿水，而 c 球裝滿空氣的時候，噴泉就開始工作了：水沿著管子從 a 流到 c，將 c 中的空氣排到 b 球；b 球中的水受到空氣的壓力，開始沿著管子往上流，在容器 a 形成噴泉，當 b 球中的水全部流出去之後，噴泉就停止了。

　　這就是古老的希羅噴泉的構思。後來，一位義大利的中學教師改造了這種噴泉，由於物理實驗室中缺乏設備，這位老師不得不運用自己的創造力來簡化希羅噴泉，最後他想出

了一種使用簡單的設備來製造新噴泉的方法（圖 60）。他用藥瓶代替球形容器，用橡皮管代替玻璃管或者金屬管，上面那個容器也不一定需要穿孔，只要像圖 60 那樣把橡皮管的一

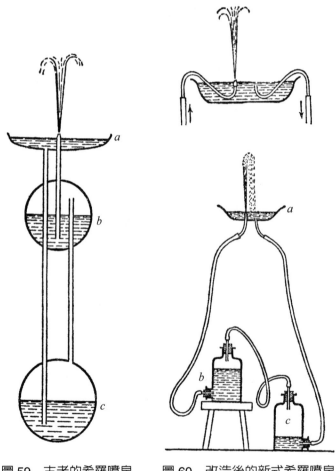

圖 59　古老的希羅噴泉　　圖 60　改造後的新式希羅噴泉
（上面是碟子的構造圖）

端放在裡面就可以。

　　經過這樣改造的儀器更好用：如果 b 瓶的水經過 a 碟全部流進了 c 瓶，只需要把 b、c 兩個瓶互換一下位置，噴泉就可以重新開始工作；但是不要忘了，同時需要把噴嘴移到另一條管子上去。

　　經過改造的噴泉還有一個便利之處 —— 可以任意改變容器的位置，以此來研究各個容器的位置對噴泉噴射高度的影響。

　　如果需要把噴泉的噴射高度增大，只需要將這個裝置下面兩個瓶裡的水換成水銀，將空氣換成水（圖 61）。這個裝置的工作原理很簡單：水銀從 c 瓶流進 b 瓶的時候，會把 b 瓶裡面的水排出去，從而形成噴泉。水銀的重量是水的 13.5 倍，所以可以算出這時候的噴泉的高度。我們用 h_1、h_2、h_3 表示各個液面之間的高度差，現在來看看 c 瓶裡的水銀是在哪些力的作用下流進 b 瓶的。連接兩個瓶的連接管裡面的水銀受到來自兩端的壓力，從後面作用於水銀的力等於 h_2 這一段汞柱的壓力（這個壓力等於 13.5 h_2 個水柱的壓力）加上 h_1 這麼高的水柱的壓力，左邊起作用的是 h_3 這麼高的水柱的壓力。綜合起來，水銀受到的壓力等於（13.5 h_2 + h_1 − h_3）個水柱壓力。

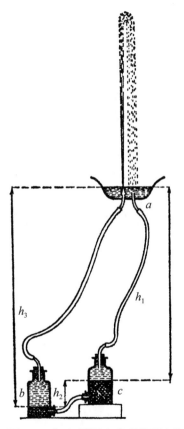

圖 61　在水銀壓力作用下形成的噴泉（噴泉的高度大約等於兩個瓶裡水銀面的高度差的 10 倍）

由於 $h_3 - h_1 = h_2$，所以上式可以變成：

$$13.5\, h_2 - h_2 = 12.5\, h_2$$

因此，將水銀壓到 b 瓶的是一根高為 $12.5\, h_2$ 的水柱重量。理論上來講，噴泉的高區應該等於兩個瓶裡的水銀面高度差的 12.5 倍，但是由於存在摩擦力，所以這個高度會稍微有所下降。

即便如此，這個裝置依然使我們可以得到噴射得較高的噴泉。例如，為了使噴泉達到 10 公尺，只需要把一個瓶移到比另一個瓶高大約 1 公尺的位置就可以了。有趣的是，碟 a 距離水銀瓶的高度對噴泉的高度沒有任何影響，這一點從我們的計算中就可以看出來。

⟅ *6.13* 騙人的容器

17 世紀和 18 世紀的貴族們喜歡用下面這個器具來取樂：一個上部刻有較寬的花紋圖樣縫隙的酒杯（圖 62），在這樣的酒杯中倒上酒，讓一位身份較低微的客人喝，盡情地開玩笑。怎樣才能喝到杯裡的酒呢？將酒杯側過來是喝不到的 —— 酒會從眾多的縫隙流走，一滴也流不到嘴裡，這種情況就像童話中所說的那樣：

我也曾經在那裡，

喝了蜂蜜釀的酒，

酒順著鬍子往下流，

可一滴也沒有到口。

圖62　18 世紀末騙人的酒杯及其構造上的秘密

　　但是知道這種構造奧秘的人（圖 62 右圖），只要用手按住 B 孔，將壺嘴放進口裡，就能把酒吸進嘴裡，不需要把酒杯倒過來。原來，酒會經過 E 孔沿著壺柄裡的一條溝及其延長部分 C 進入壺嘴。

　　不久前，我們的陶匠也製作了類似的酒杯，我碰巧在一間屋子裡見到了他們的工作樣品。酒杯的構造被巧妙地掩藏了起來，壺上寫有這樣的話：「喝吧，但可別只是裝樣子。」

◌◌ 6.14　水在底朝天的玻璃杯裡有多重？

「當然一點重量都不會有，因為這樣的水杯裝不住水，水流掉了。」—— 你說。

「如果水沒有流走呢？那該會是多重？」—— 我問。

實際上，是可以把水裝在倒置的玻璃杯中，並且不讓水流出來的。圖 63 所畫的就是這種情況，一個底朝天的玻璃杯中盛滿了水，綁在天平的一個底盤上。這個水杯中的水不會流出來，因為杯子的邊緣浸在一個有水的容器裡。另一個天平盤裡有一個一樣的空玻璃杯。

那麼，哪一個天平盤比較重呢？

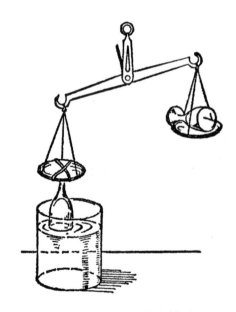

圖 63　哪一個天平盤比較重？

繫著底朝天的玻璃杯的天平盤會較重，因為這個玻璃杯上面承受著大氣壓力，下面所受的是大氣壓力減去杯中所盛的水的重量。如果想要維持天平的平衡，就需要將另一個盤上的杯子也盛滿水。

在這種條件下，底朝天的杯子裡的水的重量就會等於另外一個盤裡杯子裡的水的重量。

❸ 6.15　輪船為什麼會相互吸引？

1912 年秋天，當時世界上最大的輪船之一 ——「奧林匹克號」遠洋輪船發生了這樣一件事：「奧林匹克號」在大洋上航行，同時距離它幾百公尺遠的地方，有一艘比它小得多的輪船「豪克號」在高速前進。當兩艘船位於圖 64 所示的位置的時候，發生了一件意外的事情：小船好像被一種不可見的力量牽引著，竟然調轉船頭，不服從舵手的操縱，幾乎筆直地向大船開過來。兩艘船撞在了一起，「豪克號」的船頭撞在「奧林匹克號」的船舷上；這次撞擊十分劇烈，「豪克號」把「奧林匹克號」的船舷撞了一個大洞。

在海事法庭審理這一案件的時候，大船「奧林匹克號」的船長被判為有過失的一方

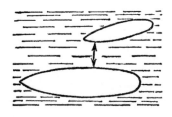

圖 64　相撞前「奧林匹克號」
和「豪克號」的位置

—— 因為他沒有下任何命令給橫開過來的「豪克號」讓路 —— 法院的判決書是這樣說的。

法庭在這裡並沒有看出任何不尋常的事情來，認為就是因為船長調度失控才引起這一事故的。但是，這個事故中卻有一個完全無法預料的情況在起作用 —— 大海上輪船之間相互吸引。

這樣的事故以前在兩艘船平行前進的時候大概也發生過，但由於當時沒有很大的船隻，所以這種現象還不是很明顯。當海洋裡航行著很多「飄浮的城市」時，船隻之間的吸引現象才變得明顯起來，海軍在操練的時候，艦隊司令員也會注意到這種情況。

很多小船在大輪船或者軍艦旁邊航行的時候所發生的眾多事故，大概也是同樣的原因引起的。

如何來解釋船隻之間的這種吸引呢？顯然，這裡還沒必要談到牛頓的萬有引力定律（從第四章我們已經知道這種引力太小了），這種現象完全是另一個原因引起的，需要用液體在管道或航道的流動原理來解釋。可以證明，如果液體沿著一條有寬有窄的航道流動，那麼在航道較窄的部分，水流會比較快，對航道側壁的壓力會比較寬的部分小，而較寬部分的水流會緩慢些（這就是所謂的白努利原理，圖 65）。

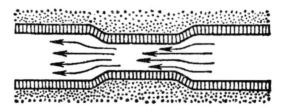

圖 65　航道的狹窄部分的水流比寬闊部分快，
　　　　但是壓向溝壁的力卻比較小

這個原理對氣體也同樣適用，在關於氣體的學說中，這種現象叫做「氣體靜力學的怪事」。據說，這種現象是在下述的情況下被發現的。在法國的一座礦山裡，一位工人奉命用護板將一個和外坑道相通的孔遮蓋起來，這位工人和衝入礦井的空氣抗爭了很久，都不能完成這個任務，但是突然間，護板自己砰的一聲就關上了。當時的力量是如此之大，如果護板不夠大的話，它和工人都會被拉進通風道裡面去。

同時，氣流的這種特性也可以用來解釋噴霧器的工作原理。如圖 66 所示，當我們往一根末端較細的橫管中吹氣的時候，空氣在管子較細的部分就會減小自己的壓力，這樣，我們吹進去的空氣對管子的壓力就會較小。結果大氣壓力就把管子裡面的液體沿著直管往上壓，液體在管口的時候就會進入吹進來的氣體中，變成霧狀散到空中去。

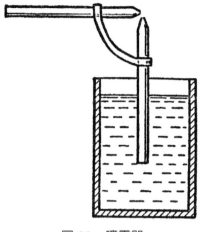

圖 66　噴霧器

現在我們就能明白船隻之間吸引的原因了。當兩艘船平行著航行的時候，它們的船舷之間就形成了一條水道，在一般的水道裡，溝是不動的，而只有水在動；可是在這裡情況剛好相反 —— 水不動，溝壁在動。但是各種力之間的作用並沒有改變，狹窄部分的水對溝壁所施加的壓力比輪船對周圍空間施加的壓力小，這樣會產生什麼後果呢？船隻會在外側的水的壓力下相向運動，當然，較小的船隻會移動得顯著一些，較大的船隻幾乎不會動，依然停留在原地，這就是為什麼大船從小船旁邊快速駛過的時候，會出現特別大的引力。

因此，船隻之間的引力是流水的吸引作用引起的（圖 67）。這也可以用來解釋，為什

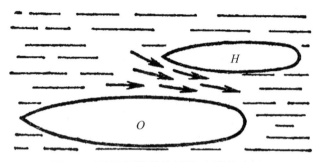

圖 67　兩艘行駛著的船隻之間的水流

麼激流對在河裡洗澡的人是危險的、為什麼漩渦會有吸引作用。可以算出，河裡的水流在每秒鐘前進 1 公尺的時候，就有 30 公斤的力量在吸引著人的身體，受到這樣大的力量吸引，人是不容易站得穩的，尤其是在水裡的時候，我們身體本身的重量並不能幫助我們保持自身的平衡。最後，也可以用這個白努利原理來解釋飛馳的火車的引力：火車車速達到每小時 50 公里的時候，會對站在旁邊的人產生 8 公斤的拉力。

　　跟白努利原理相關的一些現象雖然並不罕見，但是非專業人士卻知之甚少，因此，有必要詳細解釋一下。下面我將一本科普雜誌中關於這個題目的文章摘錄下來供大家參考。

⑬ 6.16　白努利原理及其效應

　　首先由丹尼爾·白努利於 1726 年提出的原理是這樣說的：水流或者氣流的速度若小，壓力就大；速度若大，壓力就小。這一理論還有不少局限，但我們在此就不贅述了。

　　圖 68 是關於這個原理的圖形解說。

空氣從 *AB* 管進入，如果管的截面小（比如 *a* 處），氣流速度就大；截面大的地方，氣流速度就小（比如 *b* 處）。速度大的地方，壓力小；而速度小的地方，壓力就大。由於 *a* 處的空氣壓力小，*C* 管中的液體就上升；同時，*b* 處強大的空氣壓力，使得 *D* 管的液體下降。

圖 69 中，*T* 管固定在銅製圓盤 *DD* 上，空氣從 *T* 管進入，然後通過跟 *T* 管不相連的圓盤 *dd*[5]。兩個圓盤之間的氣流速度很大，但是這個速度在接近圓盤邊緣的時候快速減少，因為氣流從兩個圓盤之間流出來之後，空間迅速增大，從兩個圓盤空隙之間流出的空氣的慣性在逐漸減小。但是圓盤周圍的空氣壓力很大，因為氣流速度小；圓盤之間的空氣壓力很小，因為流速大。因此圓盤周圍的空氣對圓盤的壓力較大，並試圖推開這兩個圓盤；結果，從 *T* 管流出的氣流越強，圓盤 *dd* 被吸向圓盤 *DD* 的力量就越大。

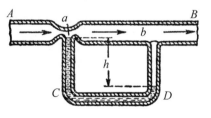
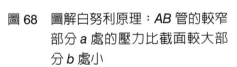
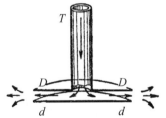

圖 68　圖解白努利原理：*AB* 管的較窄部分 *a* 處的壓力比截面較大部分 *b* 處小

圖 69　用圓盤做的實驗

5　使用線軸或者圓紙片做同樣的實驗會簡單一些（為了使圓紙片不滑向一邊，可以用大頭針穿過線軸的槽，把紙片釘住）。

圖 70 和圖 69 是相似的，只不過加上了水。如果圓盤 *DD* 的邊緣是向上彎曲的，那麼盤中快速流動的水就會從較低的地方上升到跟水槽裡靜水面一樣高的位置；因此圓盤下面的靜水就比圓盤裡面的水有更大的壓力，所以圓盤會上升。軸 *P* 的作用是不讓圓盤向兩邊移動。

圖 71 畫的是一個漂浮在氣流中的小球，氣流衝擊著小球，使得它不會落下。小球一旦離開氣流，周圍的空氣又會將它推回氣流，因為周圍空氣速度小，壓力大；而氣流中的空氣速度大，壓力小。

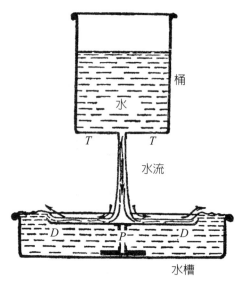

圖 70　當水桶 *TT* 裡的水流到圓盤 *DD* 上的時候，在軸 *P* 上的圓盤就會升起

圖 71　被氣流支撐著的小球

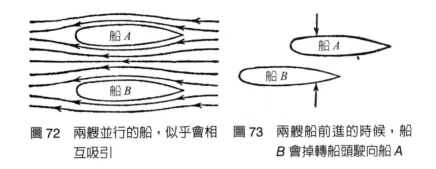

圖 72　兩艘並行的船，似乎會相　　圖 73　兩艘船前進的時候，船
　　　　互吸引　　　　　　　　　　　　　B 會掉轉船頭駛向船 A

　　圖 72 畫的是兩艘並行在靜水中的船，或者也可以當作是並行在流動的水裡的船。兩艘船之間的水面比較窄，所以水流的速度比兩船外側的水的流速大，壓力比兩船外側小，所以這兩艘船會被船周圍壓力較高的水擠在一起。海員們都清楚地知道，兩艘並排行駛的船，會互相強烈地吸引。

　　當兩艘船中的一艘在另一艘前面航行的話，情況會更加嚴重（圖 73）。使兩艘船靠近的兩個力，會使船身轉向，而且船 B 會在一個很大的力的作用下轉向 A。這種情況下兩船相撞基本上是無法避免的，因為舵手來不及改變船的航向。

　　圖 72 中的情況，可以用在兩個很輕的橡皮球之間吹氣的實驗來說明（圖 74）。如果向兩球之間吹氣，它們就會時而靠近，時而相互撞擊。

圖 74　如果向兩個氣球之間吹氣，
它們會彼此接近，然後相撞

6.17　魚鰾的作用

　　關於魚鰾的作用問題，一般的觀點似乎是可信的。這種觀點認為，當魚要從深水裡浮到水的上層時，就要鼓起自己的鰾，這樣牠的身體就會增大，排開的水的重量就會比牠自身的重量大，根據浮力原理，魚就浮到水面來了。如果牠不想往上浮或者想沉到水下的時候，牠就壓縮自己的鰾，這時候牠的身體以及所排開的水的重量就會減少，根據阿基米德原理，魚就沉到水底去了。

　　對魚鰾功能的這種簡單解釋，由 17 世紀佛羅倫斯科學院的科學家們所提出來。正式提出這一觀點的是波雷利教授（1685 年）。在長達 200 年的時間裡，這一觀點沒有遭到任何質疑，同時也在教科書中代代相傳，直到新的研究成果（莫羅・沙爾波奈爾）才推翻了這一理論的正確性。

　　毫無疑問，魚鰾跟魚的沉浮有極其重要的關聯，因爲失去了鰾的魚只有在使勁擺動魚鰭的時候才能浮在水中，一旦停止魚鰭的擺動，魚就會掉到水底去。那麼，魚鰾的眞正作用是什麼呢？這個作用十分有限：它僅僅是幫助魚停留在某一個深度，也就是魚排開的水的重量等於牠自身重量的地方。當魚使用魚鰭使自己下沉到比這個位置更低的地方的時候，牠的身體經受著來自另一個方向的水的壓力而縮小，並且對魚鰾施加壓力。這時候排開的水的體積減小，被排開的水的重量也比魚的重量小，所以魚就往下沉；魚越往下沉，水的壓力就越強（每下沉 10 公尺，水的壓力就增加 1 個大氣壓），魚的身體被壓縮得越小，這樣就會繼續往下沉。

　　當魚離開自己的身體可以保持平衡的那個水層，用魚鰭的力量使自己上升到高一些的水層時，情況也是一樣，只不過是向著相反的方向。魚的身體擺脫了一部分外來的壓力，魚鰾就將身體撐大，體積增大，所以就向上游動了；魚越往上游，身體就會越大，所以就繼續往上升。魚是不能用「壓縮」魚鰾的方法來阻止這一趨勢的，因爲魚鰾壁上的肌肉纖維並不能自動改變自身的體積大小。

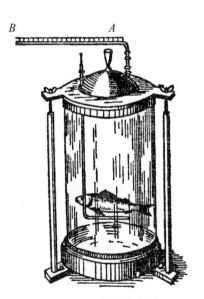

圖 75　用魚做的實驗

　　我們可以用下面這個實驗來證明，魚的身體眞的是這樣被動地變大的（圖 75）。將一條被氯仿麻醉的魚放進一個盛水的密封容器中，容器裡一定深度的壓力與天然水池的壓力接近，這時候魚會肚子朝天，靜靜地躺在水面；倘若把牠放到深一些的水裡，牠會重新浮上來；如果

將牠放在距離容器底部較近的地方，牠會沉到水底去；但在這兩個水層之間的某一個水層中，魚可以保持平準狀態，既不會往上浮，也不會往下沉。回想剛才所講的內容，這些現象是很容易就能明白的。

因此，跟常用的說法相反，魚並不能隨心所欲地吹大或者壓縮自己的鰾。魚鰾體積的變化是被動的，是在外部壓力的增加或者減小的條件下進行的（根據波馬定律）。這種體積的改變對魚不僅沒有什麼好處，還會有害處，因為它會使得魚越來越快地沉到水底，或者魚越來越快地上升到水面；換句話說，魚鰾可以幫助維持一個靜止不動的平衡，但這個平衡是不穩定的。

這就是魚鰾的真正用途 —— 這裡說的是魚鰾對魚的沉浮起的作用，至於魚鰾是否還有其他功能，目前並不清楚，因此這個器官對人類來說還是一個謎。但是它在流體靜力學方面的作用，現在是完全清楚的。

觀察釣魚時的情景可以證實上述內容。當從深水中釣起魚的時候，會發生這種情況，這條魚在中途的時候掙脫了，但是牠並不是如我們想像的那樣重新掉進深水裡去，而是快速升到水面上來，有時候人們可以看到這種魚的魚鰾是向嘴裡凸出的。

☙ *6.18* 波浪和旋風

許多日常生活中的物理現象，並不能用物理學上簡單的原理來解釋，甚至像我們在有風時看到海洋上的波浪現象，中學物理課程也不可能給予詳盡的解釋。那麼，從航行中的輪船船頭散向平靜水面的波浪是如何引起的呢？為什麼旗幟會在風中飄揚？為什麼海邊的

細沙會像一排排的波浪？爲什麼從工廠的煙囪裡冒出的煙會成一團一團的？

　　爲了解釋這些以及其他類似的現象，需要知道所謂的氣體和液體的渦流特點，我們試著在此略微講述渦流現象及其主要特徵，因爲在中學教科書中基本上是沒有提及的。

　　設想一下有液體在管子裡流動。如果液體裡面的所有微粒都是順著管子按平行線方向流動，那麼此時呈現在我們眼前的就只是一種最簡單的液體運動形式 —— 平靜的流動，或者像物理學家所說的層流（圖 76），但這並不是最常見的液體流動形式；相反，液體在管子中的流動更常見的情況並非平靜的，它通常都是從管壁流向管軸，這就是所謂的渦流，也可稱爲湍流運動（圖 77），自來水水管裡的水就是這麼流動的（細的水管除外，因爲細管裡的水是層流的）。只要液體在一定粗細的管子裡流動速度達到一定大小，也就是達到所謂的臨界速度[6]時，就可以觀察到渦流現象的發生。

　　如果一種透明的液體流過玻璃管，我們在液體裡放上一些非常輕的粉末（比如說石松子粉），那麼我們用肉眼就可以看到管子裡液體的渦流了，這時候可以清楚地看見從管壁向管軸的渦流現象。

　　在製造冷藏器和冷卻器的時候，都會利用渦流的這些特點。在管壁冷卻的管子裡，呈

圖 76　液體在管子中平靜地　　　圖 77　管子中液體的渦流
　　　　流淌（層流）

6　任何液體的臨界速度都跟液體的黏度成正比，跟液體的密度和管子的直徑成反比。

渦流狀的液體，會使它的所有分子都接觸到冷卻的管壁，並且這種速度會比不發生渦流的液體快。應該記住的一點是，液體本身並不是良好的熱導體，如果不進行攪拌的話，它們冷卻或者增溫都是很慢的；血液和它流經的各個組織之間之所以能那樣快地進行熱量和物質的交換，是因為血液在血管裡進行的不是層流而是渦流。

上面所說的液體在管子中流動的現象，同樣也適用於露天的溝渠和河床 —— 溝渠和河裡的水也是渦流前進的。如果對河流的水流進行精確的測量，儀器會出現脈動現象，尤其是在靠近河底的地方，脈動現象表明，水流在頻繁地改變運動方向，也就是在進行渦流。河水不但沿著河床前進，同時還要從河岸流向河中央。因此，認為河流深處的河水一年四季都是 4℃ 的觀點是錯誤的：在靠近河底一處，由於一直被攪拌著，所以水溫應當和河面是一樣（不過湖水的情況不一樣）。河底的渦流會帶動河沙，使河底出現「沙波」，這樣的沙波在波浪所能到達的海邊沙灘上也可以看到（圖78）。如果河底附近的水流是平穩的，那麼河底的沙面就應當是平滑的。

因此，被水淹沒過的物體的表面就會形成渦旋狀。順水放置的繩索會呈現蛇形，就可以說明這一點（繩索的一頭被繫住，而另一頭是自由活動時）。為什麼會這樣呢？因為當繩索的某一部分周圍出現渦流的時候，繩索就會被渦流帶過去；下一個時間內，另一個渦流又會使這段繩索發生相反的運動 —— 這樣就形成了蛇形運動（圖79）。

圖 78　由於水的渦流作用，海岸上形成了沙波

圖 79　繩索在流水裡的波狀運動是渦流引起的

現在我們要從液體轉到氣體，從水轉到空氣了。誰沒有見過旋風捲起地上的塵土和稻草呢？這就是地面出現渦流的表現。當空氣沿著地面運行的時候，在形成旋風的地方，空氣的壓力會減小，水就會上升，引起波浪。沙漠和沙丘斜坡上的沙波，也是基於同樣的原因（圖 80）。

現在就容易明白，為什麼旗幟會迎風飄揚了（圖 81）：旗幟也遇到了繩索在流水中所遇到的情況。旗幟飄揚時在風中無法保持固定的方向，而是隨著渦流飄動；工廠的煙囪冒出的煙呈現一團一團的景象，也是同樣的道理；爐子裡的氣流通過煙囪的時候也是作渦流運動，且由於慣性原因，煙離開煙囪之後，還會持續這種運動（圖 82）。

圖 80　沙漠裡的波狀沙面

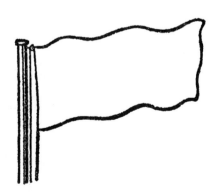

圖 81　迎風飄揚的旗幟

圖82　從工廠的煙囪裡冒出來
一團一團的煙

　　空氣的渦流運動在航空方面具有重大的意義。機翼有一種特殊的形狀：機翼下方用材料填補了空氣稀薄的部分，於是機翼上方的渦流運動得到了加強。如此機翼下方得到了一個支撐，上方則受到了一個吸附作用（圖83）。鳥兒展開翅膀飛翔的時候，也能觀察到同樣的現象。

　　吹過屋頂的風會產生什麼樣的影響呢？空氣的渦流在屋頂上形成一個空氣稀薄的區域，爲了平衡這個壓力，屋頂下面的空氣向上壓，就會掀起屋頂，因此經常看到一種讓人遺憾的現象：那些釘得不牢固的屋頂被風刮走；同樣，大的玻璃窗有的時候也會被風從裡

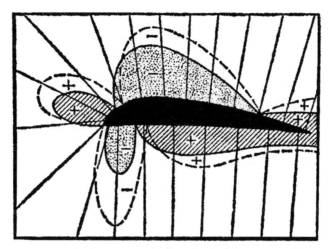

圖 83　是什麼力量支撐著機翼？實驗表明，機翼表面
　　　的空氣高壓區（＋）和低壓區（－）就是這樣
　　　分布的，由於支撐力和吸引力相互作用，機翼
　　　就升起了（實線表示壓力的分布；虛線表示飛
　　　機速度急劇增加時的氣壓分布情況）

向外壓碎（而不是從外向內）。不過這些現象可以更簡單地用運動著的空氣中壓力減小的原
理來解釋（參見 6.16 節）。

　　溫度和濕度都不同的兩種氣體彼此緊靠著流過時，每個氣流裡面都會發生渦流，雲彩
各式各樣的形狀也是這個原因引起的。

　　可見，跟渦流有關的現象竟然有這麼廣大的範圍。

∞ *6.19* 去地心旅行

　　沒有任何人曾到過地下 3.3 公里以下更深的地方，但是我們的地球半徑大約是 6400 公里，距離地心還有很長的一段距離。但是想像力豐富的儒勒‧凡爾納卻將自己小說中的兩位主人公 —— 怪教授黎登布洛克和他的侄兒阿克塞送到了地心深處。在小說《地心遊記》中，他描寫了這兩位地下遊客的冒險經歷，他們在地下遇到的意外事件中，有一件就是空氣密度的增大。隨著上升高度的加大，空氣快速變得稀薄起來：上升高度按照算術級數增加的時候，空氣密度按照幾何級數減小；相反，在下降的時候，低於海平面的地下，在上層空氣的壓力下，空氣會變得越來越密實。

　　這是叔侄兩人在地下 48 公里處的對話：

　　「你看看氣壓計上顯示的是多少？」 —— 叔叔問道。

　　「壓力很大。」

　　「現在你看到了，隨著我們慢慢地往下降，就會逐漸習慣不斷變得濃密的空氣，並且不會覺得有一點難受。」

　　「如果耳朵疼痛不算的話。」

　　「這只是小事一樁！」

　　「對……」我並不打算跟叔叔爭論，「待在濃密的空氣中還很舒適呢！你聽到空氣中宏大的聲響了嗎？」

　　「當然了。聾子在這樣的大氣中都能聽得見。」

「不過空氣還是變得更加稠密，它能達到水的密度嗎？」

「當然了！當大氣壓有 770 個的時候就可以。」

「那麼再往下呢？」

「密度還會增加。」

「那我們到時候怎麼繼續往下走？」

「在口袋裡裝些石頭。」

「嘿！叔叔，你可真有辦法。」

　　我不想再繼續猜測了，因為我擔心會弄出什麼阻礙旅行的事情來，會使叔叔生氣。但顯然，在幾千個大氣壓作用下，空氣是會變成固體的，到那時候即便人能夠忍受得住壓力，我們也無法繼續前進了，這不是什麼爭論可以解決的事情。

❧ 6.20　幻想與數學

　　以上就是這位小說家所描述的內容，但是如果我們來檢驗一下對話中的事實，就會發現事情並非那樣。為此我們並不需要下降到地心去，只需要準備一支鉛筆和一張紙，在物理學中做一次小小的旅行就可以了。

　　我們先來計算，需要下降到什麼深度，才可以使大氣壓增加 $\frac{1}{1000}$。正常的大氣壓等於 760 毫米汞柱水銀的重量，如果我們不是在空氣中，而是在水銀裡，那麼我們需要下降的幅度是 $760 \div 1000 = 0.76$ 毫米，這樣就可以增加 $\frac{1}{1000}$ 的大氣壓力。在空氣中，我們當然需

要往更深的地方去，這個深度應當是水銀密度和空氣密度的倍數之比，也就是 10500 倍。

所以，為了使大氣壓力比正常氣壓增大 $\frac{1}{1000}$，我們需要下降的距離就不是 0.76 毫米，而是

0.76×10500，也就是差不多 8 公尺，我們再往下 8 公尺，壓力又會繼續增大 $\frac{1}{1000}$。以此類

推 [7]，不論我們身處何地 —— 在人類達到的最高高度（22 公里）、在珠穆朗瑪峰山頂（約 9

公里），抑或是在海平面 —— 為了使大氣壓比原始大氣壓增加 $\frac{1}{1000}$，都需要下降 8 公尺。

這樣，我們就得到一個關於大氣壓隨著深度增加的表格：

在地面上，壓力 760 毫米 = 正常大氣壓；

地下 8 公尺深處的壓力 = 正常大氣壓的 1.001 倍；

地下 2×8 公尺深處的壓力 = 正常大氣壓的 $(1.001)^2$ 倍；

地下 3×8 公尺深處的壓力 = 正常大氣壓的 $(1.001)^3$ 倍；

地下 4×8 公尺深處的壓力 = 正常大氣壓的 $(1.001)^4$ 倍。

總之，在 $n \times 8$ 公尺深處的壓力就是正常大氣壓的 $(1.001)^n$ 倍，在大氣壓力還不是十

分大的時候，空氣的密度也會增加同樣的倍數（馬里奧特定律）。

我們注意到，小說中旅行家達到的深度是 48 公里，因而重力的減弱以及相關的空氣質

量的減少都可以不計算在內。

7　下一個 8 公尺的空氣，要比上一層更密，所以壓力增加的絕對值會比上一層大。

現在可以計算儒勒‧凡爾納的旅行家們在地下 48 公里處經受的空氣壓力大約是多少。根據公式，此處的 $n = 48000 \div 8 = 6000$，因此我們需要計算的是 1.001 的 6000 次方，這是一項枯燥費時的工作。我們可以利用對數，就如同拉普拉斯所說的，對數可以縮短我們的勞動，因而增加計算者的壽命 [8]。使用對數，我們得到：

$$6000 \times \log 1.001 = 6000 \times 0.00043 = 2.6$$

對 2.6 求對數，我們得到的數值為 400。

因此，在 48 公里深處的大氣壓是正常氣壓的 400 倍，實驗證明，這樣壓力之下的空氣密度會增加 315 倍。因此，我們的這兩位地下遊客竟然沒有覺得難受，只是「耳朵有點疼」，就是值得懷疑的事情了。在小說中還說道，人們到過地下更深的地方──120 公里，甚至 325 公里，這些深處的大氣壓力會達到極大的程度，人所能承受的大氣壓力，是不能超過 3 到 4 個的。

利用這個公式，我們可以求出在什麼樣的深度，大氣密度會增加 770 倍──達到水的密度。我們得到的數字是 53 公里，但這個結果是不正確的，因為氣壓很大的時候，氣體的密度和大氣壓力並不成正比關係，馬里奧特定律只有在壓力不超過幾百個大氣壓的時候才適用。以下是實驗得到的空氣密度資料：

8　在學校裡討厭對數表的人，如果讀過拉普拉斯關於對數的說明，或許這種不友好的態度就會改變。《宇宙體系論》提到：對數的發明，可以把幾個月的計算減少到幾天，我們可以說這既可以延長天文學家們的壽命，還可以減少犯錯，這是人類精神的寶貴成就。

壓力	密度
200 個大氣壓	190
400 個大氣壓	315
600 個大氣壓	387
1500 個大氣壓	513
1800 個大氣壓	540
2199 個大氣壓	564

可見，氣體密度的增加幅度較氣壓增加更慢。因此，儒勒·凡爾納小說中的科學家幻想著達到一定的深度之後，空氣的密度會比水還要大，這是枉然，因為空氣只有在 3000 個大氣壓力的時候，才能達到水的密度，此後基本不能再壓縮了。要把空氣變成固體，還需要在增加壓力的同時把溫度劇烈降低（-146℃）。

為了公平起見，應當指出，儒勒·凡爾納的小說是在剛才所舉的數據出現很久之前發表的，所以，小說家的錯誤是可以被原諒的。

我們利用上述公式來計算一下，礦井的最大深度是多少，才不會影響工作人員的健康。我們的身體能忍受的最大空氣壓力是 3 個，我們用 x 表示需要計算的礦井深度，可以得到：

$$(1.001)^{\frac{x}{8}} = 3$$

利用對數可以求出 $x = 8.9$ 公里。

所以，人可以在地下大約 9 公里的地方安然無恙，要是太平洋突然乾涸了，那麼我們

基本上可以在太平洋海底的任何一個地方居住。

෬ *6.21*　在深礦井中

　　誰曾經到過距離地心最近的地方呢（不是小說家幻想中的人，此處指的是現實生活中）？當然是礦工。在第四章我們說過，世界上最深的礦井在南美洲，它的深度已達 3000 多公尺（我們談論的不是鑽探工具達到的深度，而是人跡所至的地方）。下面是法國作家留克・裘爾登博士親自參觀了巴西的一個礦井之後的描述（礦井深度約 2300 公尺）：

　　有名的莫洛・維爾荷金礦，坐落在距離里約熱內盧 400 公里的地方。乘著火車在山區走了 16 小時之後，來到一個周圍都是叢林的深谷，有一家英國公司在這裡採礦，以前沒有人到過這裡。

　　礦脈是斜著往地下深處去的。礦井沿著礦脈建了 6 級採掘段，豎直的是豎井，水平的是巷道，爲了尋找黃金，人們在地殼裡挖掘了最深的礦井。

　　下井需要穿上帆布工作服和皮製上衣，而且要格外小心 —— 任意一塊極小的石頭落入礦井，都有可能將人砸死。我們由礦井上的一位領班陪著下去，首先進入的是第一個巷道，這裡的照明不錯，低至 4℃ 的冷空氣使人瑟瑟發抖 —— 這是爲了降低礦井深處的溫度通進去的冷空氣。

　　乘坐一個狹窄的金屬籠子，我們通過第一個深 700 公尺的豎井，進入第二個巷道。從第二個豎井繼續往下走，此處的空氣稍微暖和了一些 —— 這已經是低於海平面的地方了。

從下一個豎井開始，空氣熱得有些燙臉，我們流著汗，彎曲著身體，通過弓形的巷道，朝著鑽機發出聲音的地方走去。飛揚的塵土中有許多裸身的人在忙碌著。他們大汗淋漓，手裡不斷地傳遞著水瓶。這時候可不要觸摸那些剛剛採下來的礦石 —— 它們的溫度有 57℃。

這種可怕而且可惡的活動的結果是什麼呢？大約每天出產 10 公斤黃金……

在描寫礦井底部的自然條件以及對工人的極端剝削的時候，這位法國的作家只是指出了溫度很高，並沒有關於空氣壓力增加的描述，我們就來計算深度為 2300 公尺的地方的空氣壓力是多少。如果溫度和地面溫度一樣的話，那麼根據我們已經熟悉的公式，空氣密度增加的倍數是：

$$(1.001)^{\frac{2300}{8}} = 1.33 \text{ 倍}$$

事實上空氣的溫度並不會沒有改變，而是會升高的，因此空氣密度增加不會那麼明顯，會稍微小一些。礦井底部的空氣密度與地面空氣密度之間的差異，只會比炎熱的夏天和嚴寒的冬天之間空氣密度的差異大一些。現在我們就明白了，為什麼礦井裡面氣壓的變化沒有引起參觀者的注意。

但是在這種深井裡的空氣濕度是很明顯的，會使高溫條件下的人無法待在裡面。在南非一個深達 2553 公尺的礦井（約翰尼斯堡礦井）中，當溫度為 50℃ 的時候，空氣濕度達到了 100%。現在人們正在製造一種所謂的「人造氣候」裝置，這種裝置所起的冷卻作用，相當於 2000 噸冰。

❸ 6.22　乘著平流層氣球上升

在前面幾個章節中，我們曾想像著去地心旅遊，並且氣壓和深度關係的公式幫了我們大忙。現在讓我們來利用這一公式往上飛，這個公式是：

$$p = 0.999^{\frac{h}{8}}$$

這裡的 p 是大氣壓；h 是高度（單位為公尺）；我們用小數 0.999 代替 1.001 是因為每上升 8 公尺，壓力不是增大 0.001，而是減少 0.001。

先來解決這樣一個問題：要使空氣壓力減少到以前的一半，需要飛到多高？

我們將 $p = 0.5$ 代入公式，可以得到：

$$0.5 = 0.999^{\frac{h}{8}}$$

對於會使用對數的讀者來說，要解決這個方程式並不難，答案是 $h = 5.6$ 公里；這就是說需要上升到這個高度，大氣壓力才會減少一半。

現在讓我們跟著探險家向更高的地方去 —— 到 19 公里和 22 公里高處去。這已經是所謂的平流層了，因此我們乘坐的已經不是普通的氣球，而是平流層氣球。1933 年和 1934 年，有兩個氣球曾經創造了世界紀錄，一個飛到了 19 公里高度，另一個的高度是 22 公里。

現在我們來計算這兩個高度的大氣壓。

當高度是 19 公里的時候，大氣壓力公式是：

$$0.999^{\frac{19000}{8}} = 0.095 \text{ 大氣壓} = 72 \text{ 毫米（汞柱）}$$

當高度是 22 公里的時候，我們有：

$$0.999^{\frac{22000}{8}} = 0.066 \text{ 大氣壓} = 50 \text{ 毫米（汞柱）}$$

但是，探險家們的記錄顯示，在這些高度的大氣壓是另外的數字：19 公里處是 50 毫米（汞柱），22 公里處是 45 毫米（汞柱）。

為什麼結果不一樣呢？我們哪裡錯了？

在壓力這樣小的情況下，馬里奧特定律是完全可以用的，但是我們疏忽了另外一個事情：我們將整個 20 公里厚的大氣溫度看成是一樣的了，實際上，空氣溫度是隨著高度增大而減小的。平均來講，每上升 1 公里，溫度會下降 6.5℃，這樣的話，在 11 公里的高空，溫度已經是 −56℃ 了，接下來，很長一段距離之內溫度都不會改變。假如考慮到這個因素（這裡初等數學已經不再適用），就可以得到跟實際情況更相符合的結果；基於同樣的原因，我們以前計算的地下深處的氣壓，也應當看做是近似值。

第 7 章

熱現象

Physics

⑥ 7.1　扇子

當女士們揮動扇子的時候，她們會覺得涼爽許多，這一舉動似乎對同處一室的其他人是沒有什麼壞處的，並且所有的人還應該要感謝她們，因為室內的空氣溫度降低了。

我們來看看實際情況是不是這樣的，為什麼在搧扇子的時候我們會感覺到涼爽呢？原來，直接貼在我們臉部的那一層空氣變熱以後，就會成為一層看不見的「面膜」罩在我們的臉上，使臉部「發熱」，也就是延緩了臉部熱量的散失。如果我們周圍的空氣不流動的話，那麼貼在臉部附近的這一層空氣就只能被未加熱過稍微重一些的空氣慢慢地向上排擠。當我們揮動扇子趕走臉部那一層熱「面膜」的時候，我們的臉部就可以一直和沒有被加熱的新的空氣接觸，並不斷將熱量傳導出去，我們的身體就會散熱，這樣就感覺到涼爽了。

這也就是說，女士在搧扇子的時候，是在不斷地將自己臉周圍的熱空氣搧走，用沒有被加熱的空氣來取代它。等到不熱的空氣變熱之後，不熱的新空氣又將其取代了……。

扇子能夠加速空氣的流動，使得整個屋子的空氣溫度很快變得到處都一樣，所以搧扇子的人是在用別人周圍的涼空氣，使自己感到涼爽。關於扇子的另一個作用，我們還會再談。

⑥ 7.2　有風的時候為什麼會更冷？

眾所周知，沒有風時的嚴寒比有風時的嚴寒更讓人可以忍耐，但並不是所有的人都清楚個中道理。只有生物才會感覺到有風時的寒冷，如果讓風對著溫度計吹，它的汞柱是不

會下降的。有風時人會感覺到特別冷，首先是因爲這個時候從臉部（一般是從全身）散去的熱比沒有風時多得多。沒有風的時候，被身體暖和了的空氣不會很快被新的冷空氣取代；風力越強，每一分鐘之內同皮膚接觸的新空氣就會越多，因此我們身上散失的熱量就越多，這一點已經足夠引起冷的感覺了。

　　但還有一個原因：即便在冷空氣裡，我們的皮膚也總是在蒸發水分，蒸發需要熱量，因此會帶走我們身上以及貼在身上的那一層空氣的熱量。如果空氣靜止不動，蒸發就會變得緩慢，因爲貼在皮膚上的那一層空氣中很快就會有飽和了的水蒸氣（如果空氣中的水蒸氣飽和了，就不會再有蒸發發生）；但如果空氣在流動，並且不斷有新的空氣來到我們的皮膚，那麼蒸發就會不斷地進行，這樣就會帶走我們身體的熱量。

　　風的冷卻作用有多大呢？這取決於風速和空氣的溫度，一般來說會比人們想像的要大得多。舉個例子，如果空氣的溫度是 4℃，但是一點風都沒有的話，我們的皮膚溫度就會是 31℃；如果此時吹著能恰好吹動旗子但還不能吹動樹葉的微風（風速爲每秒鐘 2 公尺），那麼皮膚溫度就會下降 7℃；在風能使旗子飄揚的時候（風速爲每秒鐘 6 公尺），皮膚溫度就會下降到 22℃（溫度下降了 9℃）。這些資料我們是從卡利坦的《大氣物理原理在醫學上的應用》一書中摘錄來的，感興趣的讀者可以從中找到更爲有趣的詳細描述。

　　因此，要判斷我們對寒冷的感受程度，光考慮溫度是不夠的，還需要注意風速的影響。在相同的嚴寒天氣，莫斯科的人會比聖彼德堡的人覺得更容易忍受一些，因爲波羅的海沿岸的風速是每秒 5～6 公尺，莫斯科是每秒 4.5 公尺，而外貝加爾區的平均風速只有 1.3 公尺，因此那裡的嚴寒也會讓人感覺好受一些。東西伯利亞的嚴寒並不如我們想像的那般嚴酷難耐，因爲東西伯利亞基本無風，尤其是在冬季。

☞ 7.3 沙漠裡「滾燙的呼吸」

「這就是說，風在炎熱的日子裡可以帶來涼意了。」看完上面一篇文章之後，讀者可能會這麼說，「那為什麼旅行家們會提到沙漠中『滾燙的呼吸』呢？」

對這個矛盾我們是這樣解釋的：熱帶地區的氣候，空氣比我們的人體更熱。這樣大家就不應當覺得在那些地方颳風的時候，人不會感到涼爽，而是更熱這件事有什麼奇怪了。此時已經不是人體把熱傳導給空氣，而是空氣加熱著人體了，因此，每分鐘跟人體接觸的空氣越多，人就會覺得越熱；當然，風還是會加強蒸發現象，但是熱風帶給人的熱還是要多一些。這就是沙漠裡的居民要穿長袍、戴皮帽的原因。

☞ 7.4 面紗能保溫嗎？

這又是一個日常生活中的物理學問題。婦女們都會篤定地說，面紗可以保溫，沒有了它臉就會覺得冷。不過看著如此薄的面紗，並且上面還有相當大的空隙，男人們通常不會相信這樣的話，他們會以為這只是婦女們的心理作用。

但是，如果回想一下上述內容，就不會認為這個說法沒有根據了。不論面紗上的孔有多大，空氣在通過面紗的時候速度都會慢下來，直接貼在臉上的那一層空氣變熱了之後，本來就像是一個「面膜」，這時候由於面紗的阻擋作用，不會像沒有面紗時那樣很快被風吹散。所以沒有理由不相信婦女們的話，在稍微有點冷和有微風的時候，不戴面紗會比戴著面紗感覺更冷一些。

∝ *7.5*　冷水瓶

　　如果大家沒有見過這種水瓶，那也應當聽說過或者說在書上讀到過。這是一種用沒有燒過的黏土做的容器，它具有一種有趣的性能 —— 可以使裝在裡面的水變得比周圍的物體更涼一些。南方的很多民族都是用這種水瓶，它們擁有各式各樣的名字 —— 西班牙叫「阿里卡拉查」、埃及叫做「戈烏拉」等等。

　　這些水瓶製冷的祕密很簡單：液體透過黏土水瓶壁往外滲的時候，會慢慢地蒸發，這樣就帶走容器和水的一部分熱量。

　　但是我們會看到那些在南方各個國家旅行者的日記裡寫道，這種容器的製冷作用很強，這種說法是不正確的，製冷作用並不會很明顯，因為它取決於很多條件，例如，外面的空氣越熱，滲透到容器外的液體會蒸發得越快，這樣容器裡面的水就會越涼。它和周圍空氣的濕度也有關係：空氣裡的水分越多，蒸發越緩慢，容器裡面的水就不太容易冷卻；相反，如果空氣乾燥，蒸發就會比較快，這種容器的製冷作用就會更明顯。風也能加速蒸發，有利於製冷，這一點很容易證明：當穿著濕的衣服出現在溫暖有風的日子裡，就會覺得涼快。冷水瓶裡面的水溫下降的幅度不會超過 5℃，在南方炎熱的日子裡，當溫度計指示著 33℃ 時，冷水瓶裡面的水溫會和溫水浴池的溫度一樣高，為 28℃，可見，這種冷卻作用其實是沒有多大用處的。但是冷水瓶可以很好地保持冷水的溫度，使它不變熱，這也是它們的主要用途。

　　我們可以來計算一下這種冷水瓶的水可以冷到什麼程度。

　　假設我們有一個可以裝 5 公升水的冷水瓶，並且裡面有 0.1 公升水已經蒸發了。在溫度

是 33℃的天氣裡，蒸發 1 公升（1 公斤）水需要大約 580 大卡熱量，我們的水已經蒸發了 0.1 升，那麼熱量已經消耗掉了 58 大卡。假如全部的熱量都來自瓶裡的水，那麼容器裡面水的溫度就會降低 $\frac{58}{5}$，也就是大約 12℃。但是蒸發的大部分熱量是從瓶壁和瓶壁周圍的空氣中得到的，另外，瓶裡的水在冷卻的同時，又從貼在瓶外的熱空氣中獲得熱量而變熱，所以瓶裡的水只能冷卻到上述資料的一半。

水瓶究竟是在太陽下的製冷作用好一些，還是在陰影下更容易使水變冷，這一點很難說。太陽會加快蒸發，但是也會加強熱傳遞，也許，最好的方法是把冷水瓶放在有微風吹拂的陰影下。

❀ 7.6　沒有冰的「冰箱」

利用蒸發製冷的原理，可以製造一種不使用冰的冰箱，用於保存食物。這種冰箱的構造很簡單：木製的（最好使用白鐵皮），冰箱裡面有架子，架子上可以放置需要冷藏的食物，箱頂放一個長的容器，裡面裝有乾淨的涼水。再將一塊粗布的一端浸在水裡，讓布的其餘部分順著冰箱後壁往下垂放，使得另一端落在冰箱下面的另一個容器裡；粗布濕透之後，水就會像通過燈芯一樣，不斷滲進粗布，這時候水慢慢蒸發，就會使冰箱的各個部分變冷。

這種「冰箱」要放在涼爽的地方，每天晚上需要更換其中的冷水，使它在夜裡完全變涼。當然，毫無疑問的是，盛水用的容器和吸水的粗布應該要是十分乾淨的。

∞ *7.7* 我們能忍受什麼樣的炎熱？

　　人的耐熱能力比通常想像的要強很多：南方各國人們能忍受的高溫，比住在溫帶的人所認為的要高很多。澳洲中部夏天陰影下的溫度常常有 46℃，有時候甚至達到 55℃；當輪船從紅海駛入波斯灣的時候，儘管船艙裡有不停工作的通風設備，但溫度依然可以達到 50℃甚至更高。

　　地球上大自然中最高的溫度沒有超過 57℃。這個溫度是從北美洲加利福尼亞一個叫做「死谷」的地方所測到的。俄羅斯最熱的地方是中亞，那裡的溫度不會超過 50℃。

　　上述溫度都是在陰影下測量出來的。我現在順便解釋一下，為什麼氣象學家喜歡測量陰影下而不是太陽下的溫度？原因是，放在陰影下的溫度計測量出來的才是空氣的溫度，放在太陽下的溫度計，會被太陽曬得比周圍的空氣熱很多，因此測出來的就不是周圍空氣的溫度了，所以將溫度計放在太陽下來測量溫度沒有任何意義。

　　曾經有人用實驗方法測出了人能忍受的最高溫度。實驗表明，在乾燥的空氣裡，如果人體周圍的空氣溫度是慢慢地升高的，那麼人不但能忍受沸水的溫度（100℃），有時候還可以忍受高達 160℃的高溫。英國物理學家布拉格頓和欽特利為了做實驗在麵包房燒熱的爐子裡待了幾個小時；丁達爾曾說過：「即便房間裡的溫度可以煮雞蛋和烤牛排，人待在裡面也不會有害。」

　　如何來解釋人的這種耐熱能力呢？原因在於，我們的人體實際上並沒有吸收這樣的溫度，而是保持著接近正常體溫的溫度。人的身體用出汗的方法來抵抗高溫，汗水蒸發的時候，就會從貼近皮膚的那一層空氣中吸收大量熱量，使這層空氣的溫度大大降低。不過人

體能夠忍受高溫需要一個條件：人體不能直接接觸熱源，空氣也必須是乾燥的。

去過中亞的人都知道，那裡 37℃ 的高溫其實並非難以忍受，但是聖彼得堡 24℃ 的溫度就使人難以忍受了；原因是聖彼德堡的空氣濕度很大，但中亞是極其乾燥的，雨水對其而言是十分罕見的現象。

○8 7.8　溫度計還是氣壓計？

有一個笑話很有名，講的是一個由於以下原因不願意洗澡的人：「我把氣壓計插在浴盆裡，可是氣壓計顯示會有雷雨，這時候洗澡太危險了！」

大家不要認為所有人都能輕易地區分溫度計和氣壓計。有一些溫度計，準確地說是驗溫器，很容易會被當做氣壓計；同樣，有一些氣壓計也能被當做溫度計，希臘的希羅想出的那種驗溫器就是一個例子（圖 84）。當太陽光把球曬熱之後，球上部的空氣就會膨脹，膨脹的空氣就順著曲管把水壓到球外；水開始從曲管的一端滴到漏斗裡，再從漏斗流到下面的箱子裡。天氣寒冷的時候，球裡的空氣壓力減小，下面箱子裡的水就在外面空氣的壓力作用下沿著直管上升到球裡。

但是這個儀器對氣壓的變化也是很敏感的：當外面的壓力降低的時候，球內的空氣還保持著較高的氣壓，因此就會膨脹，並把一部分水順著管子壓進漏斗裡；當外面的氣壓升高的時候，箱子裡的一部分水就會被外面較高的氣壓壓到球裡去。溫度變化 1℃ 會使球裡空氣的體積發生變化，這個變化相當於 $\frac{760}{273}$ 毫米（大約 2.5 毫米）氣壓計上汞柱的變化。莫斯

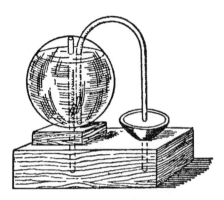

圖 84　希羅的驗溫器

科氣壓的變動可以達到 20 毫米以上，20 毫米相當於希羅驗溫器上 8℃，這就是說，氣壓降低 20 毫米會被誤認為是溫度升高了 8℃。

　　大家可以看到，古老的驗溫器絲毫不亞於一個氣壓計。我們在市場上有一段時間可以買到一種盛水的氣壓計，它差不多也是一種溫度計，但是這一點，不僅買者沒想到，就連發明者也不會這麼認為。

○ｓ *7.9*　煤油燈上的玻璃罩是做什麼用的？

　　很少有人知道，煤油燈上的玻璃罩在很久以前不是這樣的，它經歷了一個很長的發展過程。

　　在長達幾千年的時間裡，人們利用火來照明，但是並沒有使用玻璃。天才達‧文西（1452～1519）對燈做了這樣一個十分重要的改進，但是達‧文西使用的不是玻璃，而是

用金屬筒將燈罩了起來。又過了三個世紀，人們終於想到用透明的玻璃圓柱代替金屬筒來作爲燈罩。大家可以看到，玻璃燈罩的發明耗費了十代人的時間。

這個燈罩有什麼樣的作用呢？

這是一個極其簡單的問題，但是並非每一個人都能正確地回答，若回答說是爲了擋風 —— 這不過是玻璃燈罩的第二個功用。它最主要的作用是提高燈的亮度，加快燃燒過程，玻璃燈罩的作用和爐子或者工廠的煙囪作用一樣 —— 將空氣引向火苗，增強通風。

我們來仔細觀察一下：玻璃燈罩中的那個空氣柱，在火苗的作用下，比火苗周圍的空氣受熱快得多。根據阿基米德原理，空氣受熱之後會變輕，就會被沒有加熱的更重的空氣排擠向上流動；這樣，空氣就不斷地從下向上運動，這種流動會不斷帶走燃燒生成的產物，並且帶來新鮮的空氣。玻璃燈罩越高，熱空氣柱和冷空氣柱在重量上的差數就會越大，這樣一來，新鮮空氣就會更快地流入燈罩，使燃燒進行得更快，這和高高的工廠煙囪裡面發生的情況是一樣的。因此，煙囪通常都會做得很高。

有趣的是，達·文西詳細地闡述了這種現象，在他的手稿裡面，我們讀到這樣的話：「有火的地方周圍會形成氣流，這個氣流能夠幫助燃燒，並且加強燃燒。」

7.10 為什麼火苗不會自己熄滅？

如果仔細想想燃燒的過程，就會不自覺地產生這樣一個問題：爲什麼火苗不會自己熄滅呢？要知道燃燒產生的二氧化碳和水蒸氣都是無法燃燒的物質，是不能助燃的。因此，從燃燒一開始，火苗就被不能助燃的物質包圍著，這些物質會妨礙空氣流動，沒有空氣燃

燒是無法繼續進行的，火苗就應當會熄滅。

那麼爲什麼火苗沒有熄滅呢？爲什麼燃燒會一直持續到可燃物質耗盡呢？這是因爲，氣體受熱之後會膨脹、變輕，就因爲這一點，熱的燃燒產物不會停留在原地或者靠近火焰的地方，它會快速被新鮮的空氣排擠開去。假如阿基米德原理不適用於氣體（或者說如果沒有了重力），那麼任何火焰在燃燒一段時間之後，都會自己熄滅。

很容易證實，燃燒產物對火苗有什麼樣的不利影響。大家經常都在利用燃燒產物來滅燈，但是自己卻沒有想到這一點。大家是如何吹滅油燈的呢？從上往下吹燈的時候，就是在把燃燒生產的不能助燃的物質趕向火苗，火苗因爲沒有了充足的空氣就熄滅了。

❡ 7.11 儒勒·凡爾納小說中未寫的一章

儒勒·凡爾納詳細地向我們描述了坐在奔月的炮彈車廂的三個人是如何打發時間的，但是他沒有寫蜜雪兒·埃爾唐是如何在這樣的環境中完成自己炊事員的任務。也許，這位小說家覺得在飛行炮彈裡的烹飪工作不值得描寫。如果他眞的這樣認爲的話，就錯了，因爲飛行的炮彈中的一切物體都沒有了重量，儒勒·凡爾納忽略了這一點。如果大家覺得在沒有重量的廚房裡做飯確實是一件值得小說家書寫的事情的話，那就只能惋惜這位《從地球到月球》的作者沒有給予這個題目任何重視了，我在此盡我所能地將小說中未寫的這一章寫出來，以便讀者能有一定的認識。

在讀這一章節的內容時，大家需要隨時記住一點：炮彈裡面是沒有重量的，所有的物體都是沒有重量的。

❀ 7.12　在失重的廚房裡做早餐

「朋友們，要知道我們還沒吃早飯呢！」蜜雪兒・埃爾唐對自己的星際旅行同伴說，「雖然我們在炮彈車廂中喪失了重量，但總不至於食欲也沒有了吧。朋友們，我打算給各位準備一頓沒有重量的早餐，當然，這頓早餐是由幾道世界上最輕的菜組成的。」

還沒得到同伴們的回答，這位法國人就開始做早餐了。

「我們的水瓶怎麼像是空的了？」埃爾唐拿著那個被拔去了瓶塞的大水瓶，自言自語道。「別騙我，我可知道你為什麼會這麼輕……塞子已經被拔掉了，快將你那沒有重量的東西倒進鍋裡吧！」

但無論他怎麼傾倒水瓶，都不見水流出來。

「別忙活了，親愛的埃爾唐。」尼克爾走過來幫忙了，「你要知道，我們這個炮彈中是沒有重力的，因此水是倒不出來的。你應當像倒濃糖漿一樣將它抖出來。」

埃爾唐沒多想，用手掌在底朝天的玻璃瓶底拍了一下。新的意想不到的事情發生了——瓶口立刻出現了一個拳頭大小的水球。

「我們的水怎麼了？」埃爾唐疑惑不解，「我承認，我可沒想到這一點。我的學者朋友，你給解釋一下。」

「親愛的埃爾唐，這是水滴，常見的水滴，在沒有重力的世界裡水滴可以要多大有多大。你要記住，液體只有在重力的作用下，才會呈現容器的形狀，才會成股地往下流。這裡沒有重力，所以液體就只受到它自身內部的分子的力的影響，因此就會呈球狀，就像有名的普拉圖實驗室裡的油一樣。」

「我懶得去理什麼普拉圖的實驗！我不過是想燒水做湯。我發誓，任何分子也阻止不了我。」這位法國人急躁地說。

他開始使勁地把水倒在那飄浮在空中的鍋裡，但似乎一切都跟他對著幹：那些大大的水珠到達鍋裡之後，就沿著鍋面散了開來。可事情還沒有完：水從鍋的內壁越到外壁，順著鍋壁散開——這口鍋就好像是罩上了厚厚的一層水，要將這樣的水燒開是完全不可能的。

「這就是一個有趣的實驗，證明內聚力是多麼的強大。」沉著的尼克爾平靜地對怒氣衝衝的埃爾唐說。「你不要緊張，這只是普通的液體潤濕固體現象，只有在這種情況下重力才沒有辦法阻止這種現象的發生。」

「沒有重力來阻止，那可是見鬼了！」埃爾唐反駁道，「不管這是不是液體潤濕固體現象，我需要的是水在鍋裡，而不是在鍋外面！這種情況下，世界上沒有哪位廚師能做出湯來！」

「如果這種潤濕現象妨礙了你，你完全可以輕易地就阻止它。」巴爾比根站起來說道，「你還記得嗎，當物體上塗了哪怕只是薄薄的油時，水就不能潤濕它。只需要在鍋外面塗上一層油，就可以把水留在鍋裡了。」

「太好了，這才是我認為的真正的學問！」埃爾唐一面照做，一面高興地說道，然後開始在煤氣爐上燒水。

但似乎一切都在跟埃爾唐作對。煤氣爐也開始調皮起來了——淡淡的火焰燃燒了不過半分鐘，就毫無徵兆地滅了。

埃爾唐來開始圍著煤氣爐轉悠起來，耐心地伺候著火苗，但他的忙碌沒有取得任何結果——火苗還是不燃。

「巴爾比根，尼克爾！難道就沒有辦法讓這固執的火按照你們的物理學原理和煤氣公司的章程燃燒起來嗎？」這位沮喪的法國人開始求助於朋友了。

「不過這並不是什麼非同尋常的事情。」尼克爾解釋道，「這火苗就是根據物理學原理來燃燒的，至於煤氣公司……我想要是沒有了重力的話，他們也得破產。你知道的，燃燒的時候會產生一些二氧化碳和水蒸氣等能阻燃的物質，通常這些燃燒生成物是不會留在火焰附近：因為它們是熱的，因此比較輕，就會被周圍流過來的空氣排擠往上走。但是由於我們這裡沒有重力，所以燃燒生成物就留在了原地，在火焰周圍形成一層不能燃燒的氣體，阻止了新鮮空氣與火焰靠近，這就是為什麼火焰如此渺小暗淡，熄滅得如此之快。要知道滅火器的原理也是這樣的——使用不能燃燒的物體來包圍火焰。」

「照你的意思。」法國人打斷尼克爾的話，「如果地球上沒有了重力，也就用不著救火隊了，火會自己熄滅，對嗎？」

「完全正確！不過現在你再把火點燃，然後對著火焰吹氣，我希望我們能成功地利用人工的方法來使火焰像在地球上一樣燃燒。」

他們就這樣做了。埃爾唐再次點燃煤氣爐，著手做飯，但同時有些幸災樂禍地看著尼克爾和巴爾比根兩人輪流吹火，使新鮮空氣能夠源源不斷地流到火焰裡頭去。在這位法國人看來，這些麻煩全是他那些朋友的科學招來的。

「你們這有些像是工廠裡的煙囪。」埃爾唐有點譏諷地說道，「我很可憐你們，我的學者朋友們，但如果我們想要能吃上一頓熱的早餐，就得服從你們那物理學的安排。」

但是過了一刻鐘、半小時、一小時，鍋裡的水還沒有要燒開的意思。

「你得耐心點，親愛的埃爾唐，你看到了嗎，平常有重量的水很快就會熱。為什麼呢？

僅僅是因爲水在發生對流作用：下層的水熱了就會變輕，就會被冷水擠到上面去，這樣所有的水很快就會得到很高的溫度。你難道見過從上面將水燒開，而不是從下面燒開的嗎？這個時候水不會發生對流作用，因爲上層燒熱的水就只會停留在原處。水的熱傳導能力是很弱的，就算上層水已經燒開，下層的水裡可能還有沒有融化的冰塊呢！但在我們這個沒有重量的世界裡，和這個沒有什麼區別：鍋裡的水不會發生對流，所以水就會熱得特別慢。如果你希望水熱得快一些，就得不斷攪動水。」

尼克爾告訴埃爾唐説，他可不能將水燒到 $100°C$，只能將水溫燒得比 $100°C$ 稍微低一些，因爲水在 $100°C$ 的時候會產生許多水蒸氣，水蒸氣此時跟水的比重是一樣的（都等於零），它們會混在一起，形成均勻的泡沫。

接著豌豆又出人意料地搗蛋起來。埃爾唐只不過是解開口袋輕輕地撥弄了一下，豌豆就四散開來，在車廂裡不停地飄來飄去，碰到牆壁彈了回來，這些飄著的豌豆差點惹了大禍：尼克爾不小心吸了一顆豌豆，不斷地咳嗽，差點噎死了。爲了避免再發生類似危險的情況，我們的這些朋友們開始耐心地用網捕捉飛豆，這網是埃爾唐帶在身邊，預備去月球上「採集蝴蝶標本」用的。

在這種環境中要做一頓飯可眞不容易。埃爾唐肯定地説，即便是最有本領的廚師，到了這裡也不會有什麼辦法的。煎牛排也不輕鬆：必須始終用叉子叉住牛排，否則牛排下面的油蒸氣就會把牛排推到鍋外面去。沒有煎熟的肉會往「上」飛──我們暫且用這個詞，因爲這裡沒有上下之分。

在這個沒有重力的世界裡，吃飯本身也是很奇怪的。朋友們以各種姿勢懸在空中，這種情景很好看，但是卻時時會發生彼此撞頭的現象。要坐下來顯然是不能的，所有的桌子、

椅子、沙發等物品，在這個沒有重量的世界也是沒用的。實際上，要不是埃爾唐一直堅持在「桌旁」吃飯的話，桌子也是完全用不著的。

燒湯已經不容易了，但是要喝湯更困難，無論如何都沒法把這些沒有重量的肉湯分別倒在幾個盤子裡。埃爾唐為這事忙活了整整一個早上，他忘記了肉湯是沒有重量的。他煩悶地將鍋翻了個底朝天，想以此把肉湯「趕」出鍋。結果，卻從鍋裡飛出了一個很大的球形水滴——丸子一樣的肉湯。埃爾唐需要有魔術家的本領，才能將這熱的「肉湯丸子」給捉回來，放進鍋裡。

試圖用湯匙來盛湯也沒有成功：肉湯把整個湯匙一直到手指全部弄濕了，並且還密密地覆蓋在湯匙上。最後在湯匙上塗了一層油，才防止了這種潤濕現象。但事情並沒有好轉：湯匙中的肉湯變成了小球，無論怎樣都不能把這種沒有重量的「丸子」順利地送進嘴裡。

最後還是尼克爾想了一個辦法，解決了這個問題，他用蠟紙做了吸管，大家才借助這些吸管喝上了湯。在接下來的旅途中，我們的這些朋友都是用這種方法來喝水、喝酒以及飲用其他各種液體的。

∝ 7.13　為什麼水能滅火？

這樣一個簡單的問題各位並非都能回答正確。我們再次簡單地敘述一下這種情況水對火的作用，希望讀者不要認為這是多此一舉。

首先，水接觸到熾熱的物體會變成水蒸氣，從物體上帶走很多熱量。沸水變成水蒸氣需要的熱量，是相同數量的冷水加熱到 100℃ 所需要的熱量的五倍多。

　　其次，由此形成的水蒸氣的體積，是產生它的水的體積的好幾百倍。水蒸氣包圍在燃燒的物體周圍，阻止了物體和空氣的接觸，沒有了空氣，燃燒就無法繼續進行。

　　有時候為了加強水的滅火能力，需要向水裡加一些火藥。這聽起來有一些奇怪，但是卻完全是有道理的：火藥會快速燃燒，產生大量不能燃燒的物體，這些物體會包圍著燃燒的物體，使得燃燒很困難。

☝ *7.14*　怎樣用火來滅火？

　　大家也許聽過，最好的、有時甚至是唯一的跟森林或者草原火災鬥爭的辦法，就是點燃大火蔓延方向的森林或者草地。新燃起的火焰向著猖獗的火海前進，燒掉易燃的物質，使大火失去燃料，兩堵火牆相遇時，就會立刻熄滅，好像彼此吞食了一樣。

　　許多人一定讀過庫帕寫的長篇小說《草原》，裡面就寫道，美洲草原發生大火的時候，人們使用這種方法來滅火。難道我們能忘記，一位老獵人把一些困在草原上大火裡差點被燒死的遊客救出來的情景嗎？以下是小說中關於滅火的描寫：

　　老人突然下定了決心。

　　「是時候行動了。」他說。

　　「可憐的老頭子，已經太晚了。」米德里頓叫道，「大火距離我們只有四分之一英里，風以如此可怕的速度席捲著大火向我們撲過來。」

　　「是嗎！火！我可不怕它。好了，孩子們，別光站著！馬上動手割倒這一片草，清理出

一塊空地來！」

　　很快就清理出了一塊直徑大約 20 英尺的空地。老人吩咐婦女們用毯子將身上容易著火的衣服包裹起來，然後將她們帶到空地的邊上去。做了這些預防措施之後，老人走到空地的另一邊，大火已經像一堵危險的高牆，把遊客們包圍起來了。老人拿了一捆乾燥的草放在槍托上點燃，然後將著了火的乾草扔到高樹叢，走到空地中央，耐心地等待著。

圖 85　用火來撲滅草原上的大火

　　老人放的這一把火貪婪地撲向新的燃料，一瞬間草地就著火了。

　　「好，現在你們就可以看看火是怎樣跟火鬥爭的了。」老人說道。

　　「這樣難道不危險嗎？」吃驚的米德里頓叫道，「你不僅沒有把敵人趕走，還將它引到

身邊來了！」

火勢越來越大，開始向三個方向蔓延，但第四個方向沒有燃料，火就熄滅了。順著火勢的蔓延，出現的空地也越來越大，一片還冒著黑煙的空地，比剛才大夥用鐮刀割出的那一片空地還要乾淨。

隨著火焰的擴大，剛才清理出的這一塊地方越來越寬敞，要不是這樣的話，那些遊客的處境會十分危險。

幾分鐘之後，各個方向的火都退去了，還剩下煙包圍著人們，但這已經不危險了，大火已經瘋狂地向前奔去了。

大夥兒吃驚地看著老獵人用這種簡單的辦法撲滅了火，就如同費迪南的朝臣看著哥倫布豎雞蛋一樣。

但是這種用來撲滅森林和草原大火的辦法，並不像看起來那麼簡單，需要有經驗的人才能利用迎火燃燒的方法來滅火，否則會引發更大的災難。

至於為什麼需要豐富的經驗，大家只需要問自己下面一個問題就能明白了：為什麼老獵人放的火會迎著火燒去，不會朝相反的方向蔓延呢？要知道風是朝著會把火帶到遊客身邊去的方向吹！所以老獵人所放的火似乎不應當迎著火海燒去，而應當向後退去。但如果真是那樣的話，遊客們就不可避免地要被火海包圍，最後被燒死了。

那麼老獵人的秘訣在哪裡呢？

秘訣就是普通的物理學知識。雖然風是從燃燒著的草原那一面吹向遊客的，但是在離火很近的前方，應該有相反的氣流朝著火焰吹。實際上，火海上面的空氣變熱了之後會變

輕，會被沒有著火的草原上吹來的新鮮空氣排擠到上空，火海的邊界附近就會出現一股迎著火焰而去的氣流。必須當火海接近到一定程度，能察覺到有一股氣流向火海湧去的時候才能動手放火，這就是為什麼獵人不著急點火，而是耐心地等待適宜的時機。如果在這股氣流還沒有出現的時候就過早地放火，那麼火就會向相反的方向蔓延過來，人們的處境就會十分危險；但也不能動手太遲，因為火離得太近，會把人燒死的。

❀ 7.15　能不能用沸水燒開水？

找來一個小瓶（普通小玻璃瓶或者藥瓶），在瓶裡裝一些水，把它放在一個火上的鍋裡，鍋裡盛著乾淨的水。為了使小瓶不碰著鍋底，可以把小瓶掛在一個金屬環上。當鍋裡的水沸騰之後，似乎小瓶裡的水也應當隨之沸騰，但不論你等多久，都等不到這一刻——小瓶裡面的水會很燙，但絕對不會燒開。鍋裡的開水似乎沒有熱到足以將瓶裡的水燒開。

這個結果好像是出人意料，但又是可以預想得到的。要將水燒開僅僅將其加熱到 100℃ 是不夠的，還需要繼續供給熱量，使得水達到另一種狀態——從液態變成氣態。

純淨水在 100℃ 就會沸騰，不論我們繼續如何加熱，在普通條件下它的溫度都不會再升高。這就是說，我們用來給小瓶裡面的水加熱的熱源只有 100℃，這樣的話，瓶裡的水溫也只能達到 100℃。當瓶裡瓶外的水溫相同的時候，就不會再有更多的熱量從鍋裡傳遞到小瓶裡。

因此，使用這種方法來給瓶裡的水加熱的時候，我們不能供給它變成水蒸氣所需要的那份多餘的熱量（每一公克 100℃ 的水還需要 500 卡以上的熱量才能轉化成水蒸氣），這就

是爲什麼小瓶裡的水會熱，但是卻不會燒開。

可能大家還會有這樣一個問題：小瓶裡的水和鍋裡的水有什麼區別呢？要知道瓶裡的水也只是水，和鍋裡的水之間就隔著一層玻璃而已，爲什麼就不能和鍋裡的水一樣沸騰呢？

這是因爲這層玻璃阻礙了瓶裡的水，使它不能和鍋裡的水發生交換；鍋裡的每一個水分子都能直接跟灼熱的鍋底接觸，而瓶裡的水只能跟沸水接觸。

所以，我們可以發現，不能使用純淨的沸水來燒開水，但是如果向鍋裡撒一把鹽，情況就會發生變化了。鹽水的沸點比 100℃略高，所以，就能把瓶裡的純淨水燒開了。

○3 7.16　用雪能不能將水燒開？

「既然沸水都不能將水燒開，那就更不用說雪了！」有的讀者會這樣說。但在回答之前，最好是做一個實驗，哪怕是使用我們剛才用過的小玻璃瓶也行。

往小瓶中裝上半瓶水，把它放在沸騰的鹽水鍋裡，等瓶裡的水沸騰之後，把瓶子從鍋裡拿出來，快速用預先準備好的瓶塞蓋上，再把瓶子倒過來，等著瓶裡的水不再沸騰。

當瓶裡的水不再沸騰的時候，再用沸水澆瓶子，這時候的水不會沸騰；但如果在瓶底放一些雪，或者如圖 86 所示，用冷水澆瓶子，大家會看到水開始沸騰了，雪做到了開水難以做到的事情。

這就叫人摸不著頭腦了，這個瓶子並不是特別燙，但大家親眼見到了，瓶裡的水在沸騰！

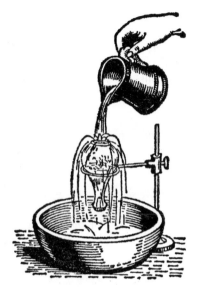 

圖 86 用冷水澆燒瓶，瓶裡的　　圖 87 白鐵罐冷卻時發生的
　　　水會沸騰　　　　　　　　　　意外情況

　　秘密在於，雪把瓶壁冷卻了，所以瓶裡的水蒸氣凝結成水滴。由於瓶在鍋裡沸騰的時候，裡面的空氣已經被趕了出去，所以瓶裡的水受到的壓力小了很多，大家知道，液體受到的壓力減小，沸點就會降低。我們這裡雖然說的是瓶裡的開水，但它已經不是在沸騰的狀態了。

　　如果瓶壁非常薄，那麼小瓶可能會因為水蒸氣的突然凝結而發生類似爆炸的情況，由於外面的空氣沒有受到來自瓶內足夠大的反作用力，就會把瓶子壓破（順帶一提，大家可以看出「爆炸」這個詞在此也是不適用的）。因此最好使用圓形的燒瓶（瓶底凸出的燒瓶），這樣空氣的壓力會作用在瓶底。

最安全的方法是使用裝煤油或者植物油的白鐵罐來做實驗。用這種罐子將少量的水燒開之後，旋緊罐蓋，然後用冷水來澆。這時候裝滿了水蒸氣的白鐵罐會被外面的空氣壓力壓扁，因為罐裡的水蒸氣受冷已經變成了水，白鐵罐會變形得就像被重錘擊中了一樣。

∞ 7.17　「氣壓計做的湯」

美國作家馬克·吐溫在《浪跡海外》一書中曾談到他在阿爾卑斯山的一次旅行 —— 書中的內容當然是作家想像出來的。

　　不愉快的事情總算是結束了，所以人們終於可以休息一下，而我也有機會來想想這次遠征的科學問題。首先我想用氣壓計測量我們所在地點的高度，但遺憾的是，沒有取得任何結果。我從一些科學讀物中得知，似乎是氣壓計，抑或是溫度計需要煮一下才能指示出刻度來，但到底是其中的哪一種，我不是十分清楚，所以決定把兩種一起都煮一下。

　　但還是沒有任何結果。我看了看兩種儀器，發現它們都被煮壞了 —— 氣壓計只剩下了一根銅指針，而氣壓計的盛水銀的小球裡，還有一點水銀在晃動……。

　　我開始尋找另一根氣壓計，這是一個全新良好的氣壓計，我將它放在廚師用來煮豆羹的瓦罐裡煮了半小時，這

圖 88　馬克·吐溫的「科學探索」

次卻產生了一個意外的情況——儀器完全不能用了，但湯裡卻有一股強烈的氣壓計味道。我們的廚師是一個很聰明的人，就把菜單上的湯給換了一個新的名稱，這道新的湯得到了大家的讚美，因此我每天都叫人用氣壓計做湯。當然氣壓計是完全壞了，但我一點都不覺得可惜，既然它已經幫助我測出了高度，我也就不再需要它了。

別開玩笑，我們來回答這樣一個問題：到底應該煮一下的是溫度計還是氣壓計？

答案是溫度計。原因如下：我們從前面一個實驗已經看出，水受到的壓力越小，沸點就越低。由於隨著山的高度增加，大氣壓力在減小，所以水的沸點也在隨之降低。實際上，我們也觀察到了純水在不同的大氣壓力下的沸點：

沸點（℃）	氣壓（毫米汞柱）
101	787.7
100	760
98	707
96	657.5
94	611
92	567
90	525.5
88	487
86	450

瑞士伯恩的平均氣壓是 713 毫米汞柱，那裡水的沸點在敞開的容器中是 97.5℃；但是在歐洲的勃朗峰，氣壓是 424 毫米汞柱，沸水的溫度就只有 84.5℃。每上升 1 公里，水的沸點下降 3℃，這就是說，如果我們測出了水的沸點（按照馬克·吐溫的說法，就是把溫度計煮一下），查一下相應的表格，就可以知道這個地方的高度。為此，當然需要準備一張表格，但是這一點，馬克·吐溫「居然」忘記了。

這裡需要使用的是沸點測高（溫度）計，這種儀器攜帶起來並不比金屬氣壓計麻煩，但是精確度卻比氣壓計高很多。

當然，氣壓計也可以用來測量高度，因為不用「煮」，它直接就可以告訴我們大氣的壓力 —— 我們爬得越高，壓力就越小。但是這時候，我們還需要知道，空氣的壓力是如何隨著海拔的增加而減小的，或者應當知道它們之間的關係。我們的這位作家似乎是什麼都沒有弄清楚，所以才想出了「氣壓計煮湯」的方法來。

○3 7.18　沸水永遠都是燙的嗎？

凡是讀過儒勒·凡爾納的長篇小說《赫克托·塞爾瓦達克》的讀者顯然都很熟悉勇敢的勤務兵賓·茹夫。他肯定地說，沸水在任何地方、任何時候都是一樣燙的，如果不是機會湊巧把他和司令官塞爾瓦達克一起拋到了 —— 彗星上，那他一輩子都會那麼認為。這個頑皮的星體和我們的地球相撞之後，恰好把這兩位主人公所在的地方撞了下來，並帶著他們在自己那橢圓形的軌道上前進。就這樣，這位勤務兵第一次親眼看到，沸水並不是都一樣燙的，這是他在做早飯的時候意外發現的。

賓‧茹夫將水倒進鍋裡，把鍋放在爐子上，等著水燒開，然後把雞蛋放進去。這些雞蛋在他看來好像是空的，是的，因爲它們很輕。

不到兩分鐘，水就開了。

「眞見鬼！這火是怎麼燒的！」賓‧茹夫高聲說道。

「不是火燒得更厲害了，是水沸騰得快了。」塞爾瓦達克想了想，回答說。

他從牆上取下溫度計，插在開水裡。

溫度計顯示 66℃。

「啊！」軍官叫道，「水在 66℃就開了，而不是 100℃！」

「是嗎，長官？」

「是啊，賓‧茹夫。我建議你把雞蛋煮上 15 分鐘。」

「但它們會變硬的！」

「不會的，老兄，15 分鐘剛好能煮熟。」

這種現象的原因，當然是由於大氣壓降低了，地面上的空氣壓力降低了 $\frac{1}{4}$，所以水受到的空氣壓力小了，因此在 66℃就沸騰了，同樣的現象在高度達到 11000 公尺的山上也會出現。假如這位軍官隨身帶了氣壓計，它一定能告訴他氣壓降低的情況。

我們不去懷疑這兩位主人公觀察到的現象：他們說，水在 66℃的時候就沸騰了，我們也接受這個事實。但是值得懷疑的是，他們竟然在如此稀薄的大氣中，沒有感受到任何不舒服。

　　這本書的作者說，類似的現象在 11000 公尺的高度也可以觀察得到，他的說法是正確的。在這樣的高度，水的沸點確實應當是 66℃[1]。但是這種地方的空氣壓力應當等於 190 毫米汞柱 —— 恰好是正常大氣壓力的 $\frac{1}{4}$，在如此稀薄的空氣中，就連呼吸幾乎都是不可能的，因為這已經是平流層的高度了。我們知道，如果飛行員不戴氧氣面罩的話，到達這樣的高度會因為空氣不足而失去知覺的，而這兩位主人公竟然還感覺良好，幸好他們的手邊沒有氣壓計，不然的話，這位小說家或許還要強迫這個儀器不按照物理學原理來工作呢！

　　如果我們的主人公不是來到這顆幻想的彗星上，而是來到大氣壓力不超過 60～70 毫米汞柱的火星上，那麼他們燒開的水還要更涼一些 —— 只有 45℃。

　　相反，在氣壓比地面高很多的礦井深處，卻可以得到十分燙的沸水 —— 在 300 公尺的礦井裡面，水的沸點是 101℃；深度為 600 公尺的時候，沸點是 102℃。

　　蒸汽機鍋爐裡的水也是在極高的壓力下沸騰的，所以沸點很高。比如，在 14 個大氣壓的條件下，水的沸點是 200℃；相反，在空氣泵的罩子下面，可以使水在普通室內溫度下劇烈地沸騰，這時候可以得到 20℃的「沸水」。

1　就像我們之前說的一樣，每升高 1 公里，水的沸點就會降低 3℃。那麼要使水在 66℃的時候沸騰，就應當在位於 $\frac{34}{3}$ 公里，大約是 11 公里高的地方。

♋ 7.19　燙手的「冰」

我們剛剛講的是涼的沸水，還有一種更讓人吃驚的物質 ──「熱冰」。我們習慣性地認為，高於 0℃的時候，水是不可能以固體狀態存在的。英國物理學家布里奇曼的研究表明，事情並非如此：在壓力極大的情況下，水可以呈現固態，並且在溫度高於 0℃的時候維持這種狀態；總的來講，布里奇曼的意思是，可以存在幾種形式的冰。他稱為「第五種冰」的冰，是在 20600 個大氣壓下得到的，在 76℃的時候還能保持固體狀態，如果我們觸摸它的話，還可能會灼傷我們的手指。但是我們是不可能和這種冰接觸的，因為這種冰是在以上好的鋼製成的厚壁容器中施加極大的壓力所得到的，因此我們不能看到或者用手拿它。關於這種「熱冰」的性質，我們也是透過間接的方法知道的。

有趣的是，這種「熱冰」的密度比一般的冰的密度大，甚至比水的密度大，它的比重是 1.05；它會沉到水裡去，而一般的冰是浮在水面的。

♋ 7.20　用煤來「取冷」

煤是用來取暖的，但是用來「取冷」也不是不可能的，在製作「乾冰」的廠裡，每天都在用煤「取冷」。人們把煤放進鍋爐裡燃燒，然後把得到的煙洗淨，同時用鹼性溶液吸收其中的二氧化碳氣體；接著用加熱的方法把純淨的二氧化碳氣體從鹼性溶液中析出來，再放到 70 個大氣壓下冷卻和壓縮，使其變成液體，這就得到了液態的二氧化碳，將它裝在厚壁罐子裡，送到汽水工廠或者其他工廠去。這樣的二氧化碳液體是冷的，可以使土壤冰

凍，莫斯科建造地鐵的時候就曾使用過。但很多地方需要的是固體二氧化碳 —— 乾冰。

乾冰，也就是固體二氧化碳，是用液體二氧化碳在高壓下迅速冷卻製成的，乾冰塊外形與其說像冰，還不如說像雪，它在很多方面和固體的水是有區別的。儘管溫度很低（-78℃），手指是感覺不到它的冷的，如果小心地將乾冰拿在手裡，它和我們的身體接觸就會產生二氧化碳，保護我們的皮膚不受冷，只有用力捏乾冰的時候，我們的手指才有可能會被凍傷。

「乾冰」這個稱呼非常能夠說明這種冰主要的物理性質。它從來不會是濕的，也不會將周圍的東西弄濕，受熱之後會馬上變成氣體二氧化碳，在一個大氣壓力下不會存在液體狀態。

乾冰的這一性質使它成為一種無法取代的冷卻物質。用二氧化碳的冰冷藏食物，不但不會潮，還會由於二氧化碳氣體具有抑制微生物生長的能力而不會腐爛，因此食物上不但不會出現黴菌和細菌，昆蟲和齧齒動物也不能在這種氣體中生存。最後，二氧化碳還是一種可靠的防火劑 —— 將幾塊乾冰扔到燃燒著的汽油裡，就能滅火，這就使得乾冰在工業和日常生活中都得到了廣泛的應用。

磁和電

∝ *8.1* 「慈石」

　　「慈石」這個富有詩意的名字是中國人給一種天然磁石起的名字，中國人認爲，「慈石」會吸鐵，就像溫柔的母親吸引著自己的孩子一樣。有趣的是，住在古大陸另一端的法國人，也對磁石有一個相似的稱呼──「aimant」是「磁鐵」和「慈愛」的意思。

　　磁石這種「慈愛」的力量並不是很大，因此希臘人將其稱爲「赫爾庫勒斯石頭」是有些天眞的。如果古希臘人對磁石微弱的吸引力感到如此震驚，那麼，當他們看到現代冶金工廠裡能夠舉起幾頓重的磁鐵，又會做何感想呢？當然，這不是天然的磁石，而是電磁鐵，也就是利用電流通過鐵心周圍的線圈，從而使鐵磁化而製成的。但這兩種情況下起作用的都是同一性質的力量──磁性。

　　不要以爲磁力只對鐵起作用。還有很多物體也會受到強大的磁力作用，雖然不像鐵受到的磁力那樣明顯。金屬中的鎳、鈷、錳、鉑、金、銀、鋁都會被磁鐵吸引，不過被吸引的力度弱一些；還有一些所謂的反磁性物體，比如說鋅、鉛、硫、鉍等會受到強大磁性的排斥！

　　液體和氣體也會受到磁鐵的引力或者排斥力，當然，程度會很弱，爲了對這些物質產生引力，必須是磁性很強的磁鐵。比如說純淨的氧氣就能被磁鐵所吸引，如果在肥皂泡裡裝滿氧氣，然後將其放在強大的電磁鐵兩極中間，這時候肥皂泡就會在看不見的磁力牽引下，在兩極中間伸展開來；放在強大的磁鐵兩極之間的燭光會改變自己通常的形狀，明顯地表現出對磁力的敏感性（圖89）。

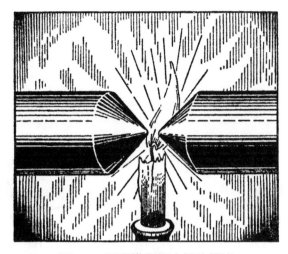

圖 89　電磁鐵兩極之間的燭光

∝ 8.2　關於指南針的問題

我們習慣地認為，指南針的指標永遠是一頭指向北，一頭指向南。因此下面這個問題對我們來講就有些荒謬了：在地球上的什麼地方，指南針的兩頭都指向北？

更為荒謬的問題還有：地球上什麼地方的指南針兩頭都指向南？

大家也許會說，地球上沒有也不應當有這樣的地方。但是，這種地方是存在的。

如果大家還記得地球的磁極和地理上的兩極並不一致的話，那麼就應當能猜到上面問題中的地方了。放在地理南極上的指南針，會指向哪個方向呢？它的一端當然會指向附近的那個磁極，另一端指向相反的方向。但如果我們從南極出發，不論往哪個方向走，我們都是在往北走，因為在地理南極上沒有其他方向，到處都是北方。這就是說，那裡的指南

針兩頭都是指向北方的。

同樣，如果將指南針拿到地理北極，它的兩端都會指向南方。

○ *8.3*　磁力線

圖 90 是根據一張照片畫的有趣的圖畫：畫上
是一隻放在電磁鐵兩極上的手臂，手臂上滿是一根
根豎直的鐵釘。手本身是不會感受到磁力的，看不
見的磁力線穿過手臂，絲毫沒有暴露自己的存在；
而鐵釘卻聽話地服從磁力的作用，按照一定的順序
排列在一起，向我們展示了磁力的方向。

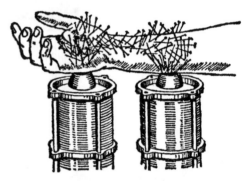

圖 90　通過手臂的磁力

人身上沒有磁性感覺器官，所以我們只能推測
到磁鐵周圍磁力的存在[1]，但可以用間接的方法來發現磁力的分布圖，最好的方式就是使用鐵

1　假設我們有了能直接感受到磁性的器官，那應當會是很有趣的。據說，有人曾成功地把一種磁性感覺移植
　　到龍蝦身上。這人發現，小龍蝦會把極細的石頭吸進自己的耳朵，這些小石頭會對龍蝦的平衡器官 —— 感
　　覺纖維起作用。類似的小石頭（耳石），在人的耳朵裡也有，位於主要的聽覺器官附近。它們在垂直方向上
　　起作用，能指示重力的方向。此人用了一些鐵屑來取代給龍蝦的小石頭，龍蝦們並沒有發覺，當把一塊磁
　　鐵放到龍蝦身邊的時候，龍蝦就會使自己位於一個跟磁力和重力的合力垂直的平面上。近年來，人們將上
　　述實驗改進了一下，將其成功地運用到人身上。有人曾把一些小鐵屑放在人的耳鼓膜上，結果人耳就能察
　　覺磁力的振動，就如同察覺聲音的振動一樣。

屑。在一張光滑的厚紙或者玻璃板上均勻地撒一層鐵屑，將一塊普通磁鐵放在厚紙或者玻璃板下面，再輕輕地敲擊玻璃板或者厚紙，磁力就會自由地穿透紙板或者玻璃板，鐵屑在磁鐵的引力下就會磁化；磁化了的鐵屑會在我們抖動的時候和厚紙或者玻璃板分開，在磁力的作用下很容易就會移動位置，落在磁針應在的位置，也就是沿著磁力線排列開來。這樣一來，鐵屑就會排列起來，向我們展示著看不見的磁力線的分布。

　　將磁鐵放在厚紙板下面，紙板上放上鐵屑，抖動紙板，我們就得到圖 91 所示的圖片。磁力形成了由許多曲線構成的複雜圖形。大家可以看到，這些鐵屑從一個磁極分布開來，彼此之間連在一起，在磁鐵的兩極之間形成一些短弧線和一些長弧線。這些鐵屑讓我們親眼見證了物理學家頭腦中想像的情景，展示了磁鐵周圍那些看不見的東西。越靠近磁極，鐵屑形成的線就越密集、清晰；反之，離磁極越遠，線越稀疏、模糊，這表明，磁力線隨著距離的增加而變弱。

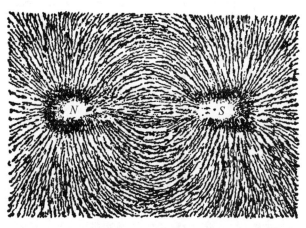

圖 91　厚紙下面放有磁極，紙上有鐵屑的情形（根據照片所繪）

❀ 8.4　如何使鋼獲得磁性？

　　在回答這個讀者經常會問的問題之前，首先應當解釋清楚一點：磁鐵和沒有磁性的鋼塊之間有什麼區別？磁化或者未磁化的鋼裡的每一個鐵原子，我們都可以看成是一個小磁鐵。在沒有磁化的鋼裡，這些原子是無序排列的，因此，每一塊小磁鐵的作用，都被相反方向排列著的小磁鐵的作用抵消了（圖 92(a)）；反之，磁鐵裡的所有這些小磁鐵都是有序排列著的，所有同性的磁極都朝向同一個方向（圖 92(b)）。

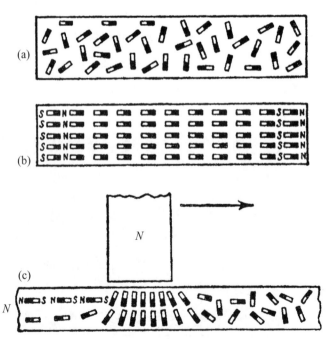

圖 92　a：未磁化的鋼條中原子小磁鐵的排列；b：磁化了的鋼條中原子小磁鐵的排列；c：磁鐵的磁極對鋼條中原子小磁鐵的作用

用一塊磁鐵來摩擦鋼條，會發生什麼情況呢？磁鐵會用自己的引力使鋼條中小磁鐵的同性磁極都轉向一個方向。圖 92(c) 展示的就是這種情況：小磁鐵開始的時候使自己的南極指向磁鐵的北極，當磁鐵移開一些距離之後，它們就順著磁鐵運動的方向排列，南極都朝向鋼條中部。

由此可見，在磁化鋼條的時候，應當這樣運用磁鐵：應該把磁鐵的一極放在鋼條的一端，並緊緊按住磁鐵，慢慢地順著鋼條移動磁鐵。這是最簡單、最古老的一種磁化方法，不過只適合用來製造小型的、磁力較弱的磁鐵，而利用電流的性質可以製造強力磁鐵。

∽ 8.5　龐大的電磁鐵

在冶金工廠裡，可以看到用來搬運大型貨物的電磁起重機，這種起重機在鑄造廠和類似工廠中對提取和搬運鐵塊起了重要的作用，不用捆紮就能很方便地用這種起重機搬運幾十噸重的大鐵塊或者機器零件；同樣，也能用它搬運鐵片、鐵絲、鐵釘、廢鐵以及別的各種材料，這些東西的搬運都很麻煩，但使用電磁起重機可以不用裝箱和打包。

在圖 93 和圖 94 中，大家可以看到這種磁鐵的功用。收集和搬運一堆堆的鐵片是很麻煩的事情，但是圖 93 中強大的電磁起重機卻能一次性收集和搬運，這不僅節省了能量，還簡化了工作。圖 94 是電磁起重機在搬運裝在木桶裡的鐵釘，一次可以舉起 6 桶！一家冶金廠有 4 台起重機，每一台可以一次搬運 10 根鐵軌，取代了 200 個工人的體力勞動。只要起重機電線圈裡的電流不斷，就不用擔心重物在機器上繫得是否牢固。

但是如果線圈裡的電流由於某種原因中斷了，就難以避免災難的發生。這種情況最開

始是有的。我在一本技術雜誌裡面讀到過：「在一家美國的工廠裡，電磁起重機舉著裝在車廂裡的鐵塊，準備將其扔進爐裡。但是尼亞加拉大瀑布的發電廠出事故斷電了，巨大的鐵塊從電磁鐵上掉了下來，砸在了工人的頭上。為了避免類似悲慘事情的發生，同時也是為了節省電能，就在電磁鐵上安裝上了特別的裝置，當磁鐵舉起重物之後，就會有些堅固的鋼爪從旁邊落下來將它們緊緊扣住，並能支撐著重物，因此在搬運的時候也可以停一下電。」

　　圖 93 和圖 94 中所畫的電磁起重機直徑可達 1.5 公尺，每一台起重機可以舉起 16 噸重物（一節火車的重量），這樣的起重機一晝夜可以搬運 600 噸貨物，甚至有可以一次搬運 75 噸貨物，也就是整個火車重量的電磁起重機！

圖93　用來搬運鐵片的電磁起重機

圖94　搬運整桶鐵釘的電磁起重機

看了電磁起重機的工作後，有的讀者也許會這樣想：如果用電磁起重機來搬運滾燙的鐵塊，那該有多方便啊！但遺憾的是，這種工作只有在一定的溫度範圍內才可以，因為灼熱的鐵塊是沒有被磁化的，加熱到 800℃ 以後磁鐵就失去了自身的磁效應。

現代金屬加工技術廣泛地利用磁鐵來穩固和搬運鋼、鐵與鑄鐵製件，已經為此製造出了幾百種不同的卡盤、工作台和各種其他裝置，大大地簡化和加快了金屬加工的過程。

○3 8.6　磁鐵魔術

魔術師們有時候也會利用電磁鐵的力量，可以設想，他們借用這種看不見的力量可以表演出多麼精彩的節目。達里曾經在他有名的著作《電的應用》中談到一位法國魔術師演出的情況，這場魔術對那些不知情的觀眾產生了魔法般的效應。

台上有一個包著鐵皮的小箱子，箱蓋上有把手。魔術師說：「我現在從觀眾中請出一位力氣較大的人。」這時候走出來一位阿拉伯人，中等身材，但是體格健碩，就像一位阿拉伯的大力士。他帶著勇敢和自信的面容，略帶開玩笑的態度，來到魔術師身邊。

「你的力氣很大嗎？」魔術師從頭到腳打量了他一番，問道。

「是的。」他滿不在乎地答道。

「你相信你總是會很有力氣嗎？」

「完全相信。」

「你錯了，我一會就能使你失去力氣，變得像一個小孩子那樣虛弱。」

阿拉伯人輕蔑地笑笑，表示不相信魔術師的話。

「你過來一下」魔術師說，「把箱子舉起來。」阿拉伯人彎下腰，舉起箱子，高傲地問道：「就這樣？」

「稍等。」魔術師回答說。然後裝出一臉嚴肅的樣子，做了一個命令式的動作，用莊嚴的聲音說道：「你現在還沒有一位婦女的力氣大了，你再試試看能不能舉起箱子？」

這位大力士一點也沒有把魔術師的魔術放在眼裡，又開始搬箱子了。但這一次箱子似乎是有了抵抗力，不論阿拉伯人怎麼使勁，都紋絲不動，好像是釘在了原地似的。這位大力士使出了所有的力氣，但是完全沒用，他累得直喘氣，最後羞愧地停了下來，這時他終於相信魔術的力量了。

這位「文明的傳播者」所表演的魔術奧秘很簡單——箱子的鐵底被放在了一個強大的電磁鐵的磁極上了。在沒有電流通過的時候，舉起箱子並不難；但是一旦電磁鐵的線圈通電了，就算是兩、三個人也別想挪動它了。

❂ 8.7 磁鐵在農業上的應用

磁鐵還有一種更有趣的用途，那就是在農業上幫助農民除掉農作物種子中的雜草種子。雜草種子上會有絨毛，容易黏附在經過的動物毛皮上，藉此就能散布到離母體植物很遠的地方去。雜草的這種在幾百萬年生存鬥爭中獲得的特點，卻被農業技術利用來除掉它的種子。農業技術專家利用磁鐵，將雜草粗糙的種子從作物種子中挑選出來，如果在混有

雜草種子的作物種子裡撒上一些鐵屑，鐵屑就會黏在雜草種子上，而不會黏在光滑的作物種子上。這時候使用一個力量足夠大的電磁鐵，就能都將混合的種子分開 —— 電磁鐵把所有黏有鐵屑的雜草種子都吸了出來。

ℰ 8.8　磁力飛行器

在本書的開頭，我曾提到過法國作家西拉諾·德·貝爾熱拉克的著作《月球上的國家史》，在這本書中，描寫了一種有趣的飛行器，它的作用原理也是磁力，借助這個飛行器，小說的一位主人公飛到了月球。現在我將書中的內容引述在此：

我叫人製造了一輛很輕的鐵車，我上了鐵車舒服地落座之後，就把一個磁鐵球向上拋去，鐵車馬上就向上移動。每次達到那個吸引著我的磁鐵球的地方，我都重新將其往上拋，甚至我只不過是稍微將磁鐵球舉起來，鐵車也會向上升起，努力靠近磁鐵球。經過很多次拋鐵球之後，鐵車上升了很多，我就來到了那個我將降落到月球上去的地方。這時候我手裡還緊緊地握著磁鐵球，所以鐵車會緊跟著我不離開我。為了在降落的時候不摔倒，我將磁鐵球以這樣一種方式拋了出去，使得鐵車在它的引力下慢慢地降落。當距離月面只有 200、300 俄丈[2] 的時候，我將磁鐵球向著垂直於降落方向的地方拋去，直到鐵車完全接近月面。這樣我就跳出鐵車，輕鬆地降落到了沙地上。

2　1 俄丈約合 2.134 公尺。

任何人 —— 無論是小說作者，還是讀者 —— 都沒有懷疑過書中描述的飛行器的用處。我認為，並不是很多人都能正確地說出這個設計無法實現的原因：是因為坐在鐵車中不能向上拋磁鐵球呢？還是鐵車不會受磁鐵球的吸引，抑或是其他什麼原因呢？

不，可以拋磁鐵，它如果足夠強大的話，是可以吸引鐵車的，不過這個飛行器是無論如何也不會往上飛的。

大家是否有從船上向岸上拋重物的經歷呢？毫無疑問，這時候我們會看到船本身向河心退去。在給予拋出去的物體一個推力的時候，你的身體肌肉同時在向後推著你的身體（以及船隻），這就是我們多次講過的作用力與反作用力的規律在起作用。在拋磁鐵球的時候也會出現類似的情況，坐在車上拋磁鐵球（因為磁鐵球會強烈地吸引著鐵車）的人，不可避免地要把整個鐵車往下推，當鐵車和磁鐵球再次靠近的時候，它們不過是回到了原來的位置。顯然，即便是鐵車一點重量也沒有，拋磁鐵球的方法也只能使它圍繞某個中心上下擺動，使用這種方法讓鐵車前進是不可能的。

在西拉諾的時代（17 世紀中葉）人們還不知道作用力與反作用力定律，因此，這位法國諷刺作家也不能清楚地解釋自己這個設計的不合理性。

❀ 8.9　懸浮在空中

有一次電磁鐵在工作的時候出現了一個有趣的現象。一位工作人員發現，電磁鐵吸起了一個帶有鐵鏈的重鐵球，這條鐵鏈是被固定在地面上的，所以就使得鐵球和磁鐵不能完全貼近 —— 鐵球和磁鐵之間還有巴掌大的縫隙。這是一幅多麼不尋常的畫面，一根鐵鏈豎

直立在地面上！磁鐵的力量是如此之大，使得鐵鏈一直維持著垂直的位置，甚至上面吊了一個人 [3] 也沒有將其位置改變。當時剛好有一位攝影師在旁，他用膠卷記錄下了這一有趣的時刻（圖 95）。

在很早以前，就有人對此現象做過研究。歐拉在《關於各種物理物質的書信》中寫道：「靠磁力懸浮似乎不是不可能的，因為有些人造的磁鐵可以舉起 100 磅的重量 [4]。」

這種解釋是站不住腳的。即使用這種方法（也就是利用磁鐵的引力）能夠一時保持類似的平衡，但是很小的一些動盪，如空氣的流動就足以將這個平衡打破。要使其固定不動，實際上是不可能的，這就如同將圓錐體倒立在它的頂點上，理論上也是行不通。

不過，利用磁鐵完全可以製造出「懸浮」的現象 —— 只不過不是利用它們之間的相互吸引力，而利用的是相互之間的斥力（關於磁鐵不但能夠吸引，還能夠排斥這一點，很多剛剛學過物理的人都經常會忘記）。我們知道，磁鐵同極相斥，如果將兩塊磁化的鐵放在一起，使它們的同極上下重疊，那麼它們就會相互排斥；如果上面的一塊磁鐵重量適中，那麼就可以使它懸在下面那一塊的上面，

圖 95　一條豎直的鐵鏈，上面掛著重物

3　這說明電磁鐵的力量非常強大，因為磁鐵的引力是隨著電極和被吸引的物體之間的距離增大而減小的。如果有一個蹄形磁鐵，它和物體直接接觸的時候能夠吸引 100 公克的重物；但如果在磁鐵和重物之間放上一張紙，它能舉起的重量就會減小一半。這就是為什麼一般不在磁鐵的兩端塗漆，即使油漆可以防銹。

4　這段話寫於 1774 年，當時還沒有電磁鐵。

而不與它接觸，維持著平衡的狀態。只需要使用幾根不能磁化的材料（比如玻璃）做支柱，就可以促使上面那塊磁鐵做水平運動。

最後，如果使用磁鐵的引力來作用於運動著的物體，也會出現這種現象。有人根據這種思想設計了一種沒有摩擦力的電磁鐵路（圖96）。這個設計富有教育意義，因此每一個愛好物理學的人，都應當對此有所了解。

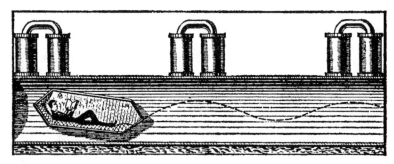

圖 96　火車車廂在電磁鐵路奔跑的時候不會發生摩擦，這是由魏恩貝格爾教授所設計的

∞ 8.10　電磁運輸

在魏恩貝格爾教授設計的鐵路上，車廂都是完全沒有重量的，它們的重量被電磁引力抵消了。根據這個設計，車廂不是沿著鐵軌前進的，也不是在水裡游的，更不是在空氣中滑翔的 —— 車廂跟什麼都沒有接觸，而是懸在看不見的磁力線上。知道了這些之後各位也

許就不會覺得奇怪了，它們不會受到任何摩擦力的影響，相應地，一旦進入運動狀態，就會依靠慣性維持自身的速度，不需要火車頭的牽引。

這種計畫是靠以下方式來實現的。車廂在一個銅管裡運行，銅管裡的空氣被抽空了，以使得空氣的阻力不影響車廂的運動。銅管的管壁是靠電磁鐵固定在空中的，火車運行的時候不會接觸到管壁，這樣車廂底部就沒有摩擦力了。為此，在銅管上方的整條路上每隔一段距離鋪上十分強大的電磁鐵，這些磁鐵將在銅管中運行的車廂吸引向自己，使它們不會掉落。磁鐵的力量大小，應當使得這些在管中奔馳的車廂總是維持在「天花板」和「地板」之間，不和任何一方接觸。電磁鐵向上吸引著奔馳的列車，但是車廂不會碰觸到天花板，因為有重力的牽引；當它要碰到地板的時候，下一個電磁鐵又用自己的引力將其吸了上去……，就這樣，車廂始終都會受到電磁鐵的吸引，沿著一條波狀線在真空裡奔馳，沒有摩擦力、推力，就像宇宙空間的行星一樣。

那麼這些車廂是什麼樣子的呢？是高 90 公分，長大約為 2.5 公尺的雪茄狀圓筒。當然，這些車廂是關閉著的，因為它們是在沒有空氣的空間中運行的。車輛裡面有自動製造空氣的裝置，就如同潛水艇一般。

發車的方法也跟以前使用的方法完全不一樣，這或許只能用炮彈來做比喻。實際上，這些車廂也真的是像炮彈一樣被「射出去」的，不過這些「炮彈」是被磁化了。車站是根據螺線管的性質來建造的，螺線管的導線在有電流通過的時候會吸引鐵芯，這個吸引過程很快，所以在線圈足夠長和電流足夠強的情況下，鐵芯能夠獲得極高的速度。新式的磁力鐵路上用來發車的正是這種力量。因為管內沒有摩擦力，所以車輛的速度不會降低，會按照慣性一直前進，直到螺線管命令它停止。

以下是設計者提出的一些細節：

　　我於 1911 年至 1913 年在托木斯克工藝學院物理實驗室做的實驗，是利用一根直徑為 32 公分的銅管來完成的。銅管上面有電磁鐵，下面的支架上有小型的車廂 —— 前後都有輪子的一節鐵管，前面有「鼻子」，當「鼻子」撞在用沙袋支撐的木板上時，車廂就會停下來。小車廂重 10 公斤，車廂的車速可以達到每小時 6 公里，受屋子和環形管大小的限制（環形管的直徑是 6.5 公尺），車廂不能以更高的速度行駛。但是我後來完成的設計中，出發站上的螺線管有 3 俄里[5]，所以車速很容易就能達到每小時 800～1000 公里。因為管裡沒有空氣，地面沒有摩擦，所以車廂不需要任何能量就能持續行駛。

　　雖然這種設備，尤其是金屬管的費用很高，但是由於不需要消耗能量來支援車速，以及不需要駕駛員和乘務員，所以每 1 公里的成本就只有千分之幾戈比到 $\frac{1}{100}$ 或者 $\frac{2}{100}$ 戈比。並且雙線道路一晝夜的運輸量，不論是往哪個方向，都可以高達 15000 人或者 10000 噸貨物。

🕮 *8.11* 　火星人入侵

　　古羅馬的博物學家普林尼將他那個時代流行的一個故事記載了下來，講的是在印度的一個靠近海岸的地方有一座磁鐵山，它巨大的引力吸引著任何鐵製的東西。那些膽敢把船隻靠近這座山的水手，都會倒楣，這座山會把船上所有的鐵釘和螺釘等全都拔去 —— 船就

5　1 俄里等於 1.067 公里。

會分解成一塊塊的木板。

後來，這個故事被寫進了《一千零一夜》。當然，這不過是一個傳說，我們現在知道磁鐵山，也就是富含磁鐵礦的山是有的 —— 比如說馬格尼托爾斯克的磁鐵山。但是這種山的吸引力是很小的，基本可以忽略不計。普林尼所描述的那種山，在地球上是不存在的。

現在建造船隻的時候不用鐵製或者鋼製的部件，這並不是人們擔心有磁鐵山，而是為了更好地研究地球的磁力。

科普作家庫爾特・拉斯維茨利用普林尼的設想，設想出了一種可怕的戰爭武器。在他的小說《兩個星球上》中這種武器被火星人用來向地球人作戰，擁有了那種磁鐵武器（確切地說是電磁武器）的火星人，甚至不用跟地球人開戰，而是在戰爭開始前就把地球人的武裝解除了。

下面是這位作家對地球人和火星人之間戰爭的描寫：

一隊出色的騎兵勇敢地衝了上去。似乎，我們軍隊奮不顧身的戰鬥意志使強大的敵人開始後退了，因為他們的空氣戰船開始有了新的動作。這些戰船上升到空中，就像是在準備讓路一樣。

這時，一種黑色的東西伸展開了，飄落在戰場上空。這種東西像是飄揚著的被單一樣，從四面八方包圍著戰船，並快速降落在戰場上。第一批衝上去的騎兵就遭殃了 —— 奇怪的機器把整個團都遮蓋了，這種武器的作用是如此古怪和令人吃驚，戰場上傳來驚心動魄的號叫聲，馬匹和騎士們成堆地倒在地上，而空中布滿了刀劍和馬槍，劈劈啪啪地飛向一輛車，並黏附在車上。

　　這輛車向旁邊略微滑了一下，將自己繳獲的鐵器都扔在地上。它又來回飛了兩次，差不多繳獲了地面上所有的武器──沒有一個人能抓住自己的武器。

　　這輛車是火星人的新發明：它用一種不可抗拒的力量將一切鋼的和鐵的東西都吸引過去。火星人正是依靠這種磁鐵的幫助，從敵人手中奪走了武器，自己卻不受到任何傷害。

　　空中磁鐵很快向步兵逼近。那些士兵使勁抓住自己手中的武器，但是無法抗拒的力量還是將它們奪走了，很多不肯放手的人甚至被吸引到了空中。短短幾分鐘，第一團就全部繳械了。這輛車又向前飛去，去追趕正在城市裡前進的兵團，試圖對他們使用同樣的戰術。

　　接著，炮兵隊也遭受了同樣的命運。

✂ 8.12　錶和磁

　　閱讀前一節內容的時候，自然會產生這樣一個問題：難道不可以防禦磁力的影響嗎？難道不能使用某種磁力無法穿透的東西來阻擋它嗎？

　　這是完全可能的。如果事先採取了適當的措施，火星人的發明也是可以製造出來的。

　　不論聽起來多麼奇怪，不能被磁力穿過的物質竟然是容易磁化的鐵！一個放在鐵製環裡的指南針，它的指針不會被環外的磁鐵吸引。

　　鐵殼可以保護懷錶裡的鋼製機件不受到磁力的作用。如果把一個金錶放在一個強烈的馬蹄形磁極上，那麼錶的所有鋼製結構，首先是擺輪上的遊絲[6]就會磁化，錶就會走得不

6　這只是針對不是用特殊的合金做的遊絲。鎳鐵合金中雖然含有鎳和鐵，但是不會磁化。

圖 97　是什麼東西使得錶的鋼製裝置不被磁化？

準；拿走磁鐵之後，也不能將錶恢復到原來的狀態，錶的鋼製機構部分依舊是磁化的，需要經過徹底修理，換上新的機件才可以。因此最好不要用金錶來做這個實驗——花費會很貴的。

　　但是，如果一個錶的外殼是鐵殼或者鋼殼，就可以大膽地用來做這個實驗——磁性不會穿過鋼和鐵。將錶拿到強大的發電機線圈附近，它的精確度一點都不會受影響。對於電氣技工來說，這種便宜的錶倒是很理想的，因為不會像金錶或者銀錶那樣很快就因為磁的作用變得不適用了。

∞ 8.13　磁力「永動機」

　　在試圖建造「永動機」的歷史中，磁鐵也起著不小的作用。那些不成功的發明者多次

使用磁鐵來製造一種可以永久轉動下去的機械，下面要介紹的就是其中一種（17 世紀賈斯特城的約翰・威爾斯金主教設計的）。

圖 98 中，一個強烈的磁鐵 A 位於一個小柱子上，柱子上倚靠著兩根木槽 M 和 N，一根疊放在另一根上，M 的上端有一個小孔 C，N 是彎曲的。如果在上槽 M 上放一個小鐵球 B，那麼小球就會在磁鐵 A 的作用下往上滾，滾到小孔處，它就會落到下槽 N 上，一直滾到 N 的末端，然後順著彎曲處 D 繞上來，來到 M 槽上。由於受到磁鐵的作用，它又會重新上滾，再從小孔落下去，下滾，然後再沿著彎曲處回到上槽，開始新一輪的運動，這樣，小球就會不停地前後滾動，完成「永恆的運動」。

這一發明的荒謬之處在哪裡呢？要指出來也不難。為什麼發明者會認為，小球沿著 N 槽滾動之後，到達它的末端，然後還會維持一個速度，讓它重新繞過 D 彎，回到上槽呢？如果小球只受到重力的影響，這或許是可能的 —— 那時候它就會加速度往下滾。但是此處的小球受到兩個力：重力和磁力。磁很強，可以迫使小球從位置 B 達到 C，所以小球沿著 N

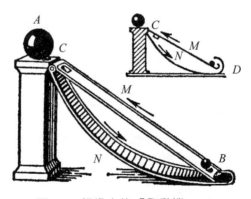

圖 98　想像中的「永動機」

槽不是加速前進的，速度是會變慢的；即便是到達 N 槽的下端，無論如何也沒有一種速度，足以使它繞著 D 處再上升。

這個設計後來被人們以各種變化的形式重複進行實驗。說也奇怪，類似的設計，竟然在 1878 年，也就是能量守恆定律提出之後 30 年，在德國取得了專利權。這位發明家把「永動機」的概念掩飾得如此高明，甚至迷惑了頒發專利特許證的技術委員會，按照章程，凡是和自然規律矛盾的發明，都不能頒發專利權，但是這一發明竟然取得了專利。但是這位世界上唯一一個獲得「永動機」專利權的幸運兒大概對自己的發明失望了，兩年之後就停止收取專利稅了，這項可笑的發明也就失去了法律效力成了公共財產，但這樣的發明是沒有人需要的。

∞ *8.14* 圖書館問題

在圖書館裡有時候不可避免地需要翻閱古書，這些書是如此的古舊，無論如何小心翼翼，書頁都容易破損。

應當怎樣來將書頁分開呢？

蘇聯科學院有一個檔案修復實驗室就曾經需要解決這樣的問題。在上述情況下，實驗室就會利用電來解決問題：書卷充上電之後，書頁相鄰的各頁會得到同性的電荷，就會彼此排斥，這樣書頁就能毫髮無損地分離開來。無論之後是要用手來翻動已經分開的書頁，還是用結實的紙將其裱起來，都會比較容易。

∝ 8.15　又一個想像的「永動機」

　　在「永動機」的探索者之間曾經流行一種想法：將發電機和電動機結合起來。每年我都會碰到好幾個這樣的設計，這些設計歸結如下：把電動機和發電機的滑輪用一根傳送帶連接起來。如果給予發電機一個原動力，它產生的電流就會傳達給電動機，使電動機運轉起來，電動機的動能再通過傳送帶和滑輪傳遞給發電機。按照發明者的說法，這樣的話，這兩台機器就會相互推動著，運動永不止息，直到機器壞掉。

　　這個想法對發明者是具有巨大的誘惑力。但是那些真正嘗試著將其付諸實踐的人，會吃驚地發現，在這種情況下，兩台機器中的任何一台都不會運轉，這種設計不能給人們帶來任何東西。即便兩台連在一起的效率都是百分之百，我們也只會在沒有摩擦力的情況下看著它們一直運動下去。這兩台所謂的機器聯合體（按照發明家的說法，叫做「聯動機」）實際上是一台機器，應當能自我運轉，如果沒有摩擦力，這台「聯動機」以及每一條滑輪都會永遠轉動下去，但是這種運動卻無法給人們帶來任何好處 —— 一旦讓這個「發動機」做任何一點外部工作，它就會立刻停止。在我們面前也許會是永恆的運動，但不會是永遠的發動機，有摩擦力的時候，機器根本不會運動。

　　可奇怪的是，這些人竟然沒有想到更簡單的方法：比如說把兩條滑輪用皮帶連在一起，然後轉動其中的一條。按照上述邏輯，我們期待第一條滑輪的轉動帶動第二條滑輪，第二條又反過來帶動第一條。甚至用一條滑輪也可以：轉動它，右邊的部分就會帶動左邊的部分，左邊的運動也是右邊轉動的動力。

　　但無論哪一種方法，它的荒謬之處都是顯而易見的，這樣的設計不會吸引任何人。實

際上，所有這些「永動機」犯的錯誤都是一樣的。

ᘓ *8.16*　幾乎就是「永動機」了

對數學家來講，「幾乎永久」是沒有任何意義的，「幾乎永久」運動要不就是永久運動，要不就是非永久的，而「幾乎永久」實際上就是不永久。

但現實生活並非這樣。或許，只要能擁有一台不完全是永久運動的機器，哪怕只是能運動上千年的「幾乎永動」的機器，很多人就會滿足了。人的生命很短暫，一千年對我們來說已經是永遠了，對現實的人來講，即便是上千年也算是解決了「永動機」的問題，也用不著再費腦筋了。

如果告訴這些人說，千年的「永動機」已經發明出來了，他們一定會很高興的，每個人或許都會花費一定的資金買一台這樣的永動機。這項發明的專利權不屬於任何人，也沒有什麼祕密可言。1903 年斯特雷特設計的裝置，即通常所謂的「鐳錶」結構並不複雜（圖99）。

在一個被抽空了空氣的玻璃罐裡，用一根不導電的石英線 B 繫住一根不大的玻璃管 A，玻璃罐裡面有幾毫克的鐳，玻璃罐的末端掛著兩個小金屬片。我們知道，鐳會放射出三種射線：α、β、γ，在這種情況下負粒子（電子）組成的 β 射線會起到重要作用，因為它能輕鬆地穿過玻璃。鐳向四處射出的粒子帶負電，而裝著鐳的玻璃管則會慢慢帶上正電，這些正電就會傳到金屬片上使得它們分離開來。

金屬片分開之後，就會觸碰到玻璃壁（在玻璃壁相應的地方貼上能夠導電的箔條），

會失去自身的電，然後重新合在一起；很快又會有新的電流，金
屬片又會分開，然後再將電傳導給玻璃壁，繼而合在一起，再次
帶電。這兩個金屬片每隔 2～3 分鐘就完成一次循環，做類似鐘
錶的擺動 —— 因此獲得了「鐳錶」的稱號。這個過程可以持續數
年、10 年、100 年，直到鐳停止放出射線。

　　讀者當然可以看出來，我們面前的不是「永動機」，而是沒
有成本的發動機。

　　鐳會放射多久的射線呢？據計算，鐳的放射能力過 1600 年才
會減弱一半，因此鐳錶會不停地走上千年，隨著電子的減少，慢
慢地減小擺動幅度。如果在俄羅斯建國的時候就能設計出這樣的
錶，那它現在也許還在運轉呢！

　　那麼，可不可以利用這樣的發動機來做實際的事情呢？遺憾
的是，不能。這種發動機的功率太小，也就是它每秒鐘所做的功
太小了，根本不能使任何裝置運轉。為了使它發揮一點作用，需
要大量的鐳，如果我們還記得鐳是相當稀有和珍貴的元素的話，
就會同意說，這樣的「無成本」發動機是足以使人破產的。

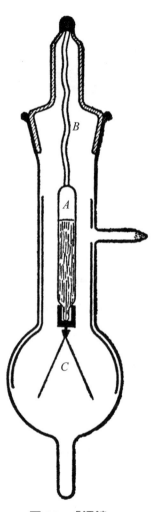

圖 99　「鐳錶」

❀ 8.17　電線上的小鳥

　　大家知道，人接觸到電車上帶電的電線或者高壓線是很危險的。不僅是人，大型的動物碰到電線也會導致毀滅性的後果，我們常常會聽說牛或馬因為接觸到斷掉的電線而被電擊致死的事情。

　　那又怎麼來解釋鳥兒能夠平安無事地停留在電線上呢？我們在城市中經常能見到這樣的情景（圖 100）。

　　要了解這種矛盾的原因，就需要注意一下這一點：停在電線上的鳥兒身體，就好像是電路的一個分路，它的電阻比另一個分路（鳥的兩腳之間那段很短的電線）的電阻大很多，因此，這個分路（鳥的身體）中的電流會很小，對鳥兒沒有傷害。但是一旦停在電線上的鳥兒的翅膀、尾巴，或者嘴觸到電線桿 —— 總的來說，不論是以任何方式跟地面有接觸 —— 那麼牠一瞬間就會被通過牠身體流入地面的電流擊死，這種情況也是經常能碰到的。

圖 100　為什麼鳥兒能夠平安無事地停在電線上？

　　鳥兒停在高壓電線桿上的時候，會在電線上磨嘴。由於電線桿及托架是和地面相連的，所以鳥兒身體的其他部分一旦接觸到有電流的電線，就會不可避免地觸電身亡，這類事情經常發生。因此，德國就採取了特別的措施來防止鳥兒的死亡。他們在高壓電線桿的托架上安裝了絕緣的架子，鳥兒停在這種架子上，可以安全地在電線上磨嘴（圖 101）。有些危險的地方安裝了特別的裝置，使得鳥兒碰不到它。

　　現在高壓電網發展迅速，為了林業和農業的需要，也為了保護飛鳥，我們需要考慮如何避免類似事件的發生。

圖 101　高壓電線的托架上為鳥類安裝了
　　　　絕緣的架子

☙ *8.18*　在閃電的照耀下

　　大家是否見過下雷雨的時候被閃電短促的光線照亮的城市街道？大家一定會注意到一種特別的現象：剛剛還十分活躍的街道，一下子就好像「凍結」了。馬兒停在奔跑的姿勢裡，四蹄懸空；車輛也停止不動了，車輪上的每一根輻條都看得清清楚楚……

　　這種好像靜止景象的原因是閃電持續的時間非常短促，和任何電火花一樣，閃電持續的時間甚至不能用一般的方法來測量；但若使用間接的方法可以測出，閃電有時候持續的時間是千分之幾秒[7]。在這樣短的時間區段裡，物體移動的位置肉眼基本無法察覺，所以在閃電的照耀下，人來人往的街道似乎完全不動 —— 要知道我們看到物體的時間還不到 $\frac{1}{1000}$ 秒呢！在如此短暫的時間裡，即便是飛馳的汽車車輪上的輻條，也只能移動幾萬分之一毫米的距離，對肉眼來講，這和靜止是沒有差別的。

☙ *8.19*　閃電值多少錢？

　　在遙遠的古代，人們把閃電當做神明，因此這樣的問題聽起來似乎是褻瀆神靈的。但在電能已經成為一種商品，可以進行測量和估價的今天，關於閃電價格的問題就不應該是沒有意義的。需要解答的問題是：計算出閃電放電時需要消耗的電能，依據照明電的價格

7　有的閃電也會持續比較長的時間，長達 $\frac{1}{100}$ 或者 $\frac{1}{10}$ 秒；還有一種持續的閃電，幾十道閃電一道接一道，可以持續 1.5 秒。

算出它值多少錢。

以下是計算方法：雷電放出的電壓等於 50000000 伏特，電流大約是 200000 安培（這個數字是根據鐵芯被電流磁化的程度來計算的；電流是指打雷的時候通過避雷針進入線圈的電）；瓦特數等於伏特數乘以安培數。但還應當注意到，放電的時候電壓會降到零，所以計算電能的時候應當用平均電壓，換句話說，應當是最初電壓的一半。我們可以得到：

$$電功率 = (5000000 \times 200000) \div 2 = 5000000000000 \text{ 瓦特，也就是 } 5000000000 \text{ 千瓦}$$

得到以這麼多個 0 結尾的數字，大家自然會想，閃電的價值肯定是一個很大的數字；但是，如果用電費通知單裡面的千瓦小時來表示這些電能，得到的數目就會小很多。閃電持續的時間不過 $\frac{1}{1000}$ 秒，這一段時間內消耗的電能為 $5000000000 \div (3600 \times 1000) \approx 1400$ 千瓦小時。1 千瓦小時為 1 度，按照每度電 4 戈比的價格，我們可以計算出閃電的價格為：

$$1400 \times 4 = 5600 \text{ 戈比} = 56 \text{ 盧布}$$

這個結果是讓人吃驚的，要知道閃電的功率是炮彈的 100 多倍，但價值卻只有 56 盧布。

有趣的是，現代電工技術已經幾乎可以製造閃電了，實驗室中得到的閃電可以達到 1 千萬瓦，閃電長 15 公尺，能達到的距離並不是很大。

∞ 8.20 房間裡的雷雨

可以用橡皮管在家裡製造一個小型的噴泉：把橡皮管的一端放進高處的水桶，或者把橡皮管套在自來水水龍頭上。水管的出水口要很小，這樣噴泉的水才會呈現細流，為此，

最簡單的方法就是把一根沒有鉛芯的鉛筆紮在橡皮管出水的那一頭；為了方便起見，還可以在水管出水的那一頭套上一個倒置的漏斗，如圖 102 所示。

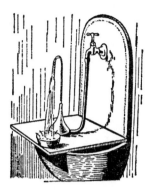

圖 102　小型的雷雨

　　將噴泉置於半公尺的高度，讓水流垂直向上流，將一個用絨布擦拭過的火漆棒或者硬橡膠梳子移到噴泉附近。此時就能馬上看到一個出人意料的景象：噴泉向下噴射部分的細細水流匯合成了一股大的水流，水流發出巨大的聲響，跌落在下端的容器中，這種聲響類似雷雨的聲音。物理學家博伊斯說：「毫無疑問，正是基於同樣的原因，雷雨時候的雨點才會那麼大。」移走火漆棒噴泉馬上就變成了細流，雷雨的聲響變成了細流柔和的聲音了。

　　在不知情者的面前，你可以像魔術師使用「魔術棒」一樣，用火漆棒來指揮水流。

　　電流對噴泉的這種出人意料的作用，可以這樣來解釋：水流出來的時候產生電了，朝向火漆棒的水滴帶正電，相反方向的水滴帶負電，這樣的話，水滴裡面帶電不同的部分接近的時候，就會相互吸引，使水滴結合在一起。

　　水對電流的這種作用，可以用更簡單的方法觀察到：用一把剛剛梳過頭的硬橡膠梳子靠近細細的水流，水流會變得很密集，並且明顯地偏向梳子那一邊（圖 103）。解釋這種現象比前一種要困難些，它和電荷作用下物體表面張力的改變有關係。

　　順便指出，傳動皮帶在皮帶盤上轉動的時候會起電，也可以用摩擦生電來解釋。產生的電火花在某些生產部門有可能會引起火災，為了避免這種危險，會在傳動皮帶上塗薄薄的一層銀，這樣傳動皮帶就成了導電體，電荷就不會蓄積起來了。

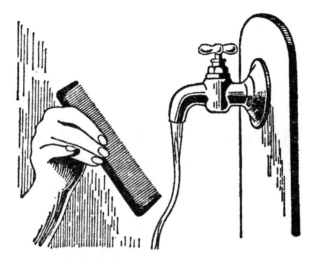

圖 103　當帶有電荷的梳子接近水流的時候，水流
　　　　會彎向梳子

第 9 章

光的反射和折射、視覺

∝ *9.1* 五像照片

有一種攝影方法，可以在一張照片上拍出一個人的五種不同角度，如圖 104 所示，我們在這一張照片上看到了五種姿勢。與普通照片相比，這類照片具有的優勢就是，可以更全面地展現照片中人物的特徵。我們知道，攝影師們最關心的就是怎樣表現出照片裡的人的臉部特徵，在這類照片中，人臉以各種姿態顯現出來，能使我們更有可能識別出最有特色的部分。

這種照片是如何拍攝出來的呢？當然是借助鏡子來拍的（圖 105），被攝像的人背對著相機 *A* 坐著，臉朝向兩面豎直的平面鏡 *CC*。這兩面鏡子之間所成的角度是 360° 的 $\frac{1}{5}$，亦

圖 104　同一張臉的五種角度

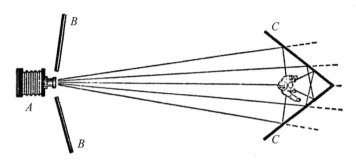

圖 105　拍攝五像照片的方法：照相的人坐在鏡子 *CC* 之間

即 72°；這兩面鏡子可以反射出四個人像，相機就能得到四種姿勢，這四個像加上原本真實的人像，就是相機拍到的五個人像，同時由於鏡子沒有鏡框，所以不會被拍攝下來。為了使照相機的影子不出現在鏡子裡，需要在相機前面安裝兩張幕 *BB*，中間留一個小縫放鏡頭。

　　成像的數量取決於鏡子之間的角度大小：角度越小，獲得的像就會越多。當這個角度為 $\frac{360°}{4} = 90°$ 的時候，我們可以得到四個影像；當角度為 $\frac{360°}{6} = 60°$ 的時候，可以得到六個；角度為 $\frac{360°}{8} = 45°$ 的時候，可以得到八個，以此類推。但是影像越多，成像效果就越模糊不清，因此，人們一般就只限於拍攝有五個人像的照片。

❀ 9.2　日光發動機和日光加熱器

　　利用太陽能來給發動機鍋爐加熱是一個很吸引人的想法。跟日光垂直的每 1 平方公分地球大氣外層每分鐘獲得的來自太陽的能量，已經被精確地計算出來了，這個數值顯然是

不會變化的，因此被叫做「太陽常數」，為每分鐘每平方公分 2 卡[1]。這份來自太陽的源源不斷的熱量，並不能全部達到地球表面 —— 大約有半卡被大氣吸收掉了。因此可以說，太陽直射的地球表面，每平方公分每分鐘獲得的熱量大約是 1.4 卡；換算成平方公尺是 14000 卡，或者每分鐘 14 千卡，每秒鐘大約 0.25 千卡。1 千卡約合 4.18 焦耳。因此，垂直照射在 1 平方公尺地面上的日光，每秒鐘大約可以提供 1000 焦耳的能量。

太陽輻射必須在最有利的條件下才能做那麼多的功 —— 陽光垂直照在地面，並且 100% 轉化為功。但是目前直接利用太陽能作為動力能的嘗試還遠遠不理想 —— 效率不超過 5～6%，就算是最有效的阿博特日光發動機的最大效率也只有 15%。

利用太陽輻射能作為機械能目前還不理想，但利用太陽能來加熱是比較容易的，比如說太陽能熱水器，是目前使用最普遍和效率最好的一種太陽能裝置，可以為家庭、工廠、浴室、旅館等公共場所提供洗澡、洗衣、炊事等用途需要的熱水，水溫在夏季一般可以達到 50～60℃。這種裝置構造簡單，成本不高，在北緯 45° 到南緯 45° 的城鄉地區最適用，因為這一地帶每年大約有 2000 小時以上的日照時間，現在全世界至少有幾百萬台太陽能熱水器在工作（圖 106）。

還有利用太陽能來蒸煮食物的太陽灶，用太陽能乾燥農副產品的太陽能乾燥器，在廣大農村地區，尤其是燃料缺乏的地區，太陽能也有發展潛力。

1　卡路里（Calorie）是能量單位，現在仍被廣泛使用在營養計量和健身手冊上。相當於在一個標準大氣壓下，將 1 公斤 150℃的水升高 1℃所需的能量，1000 卡路里 ＝ 4186 焦耳的内能。國際標準的能量單位是焦耳（Joule）。

圖 106　屋頂上的太陽能熱水裝置

　　在某些乾旱的沿海或者海島地區以及內陸鹹水地區，還可以利用太陽能蒸餾器製取淡水。

　　此外，在某些現代化的建築設計中，正考慮利用太陽能取暖。

9.3　隱形帽

　　有一個從遙遠的古代流傳下來的傳說，說的是有一頂帽子，誰戴上它就會變成隱形

人。普希金在《魯斯蘭和柳德米拉》中將這個古老的傳說生動地描述了出來，給予這頂神奇的隱形帽經典的描寫：

> 姑娘突然想起一個念頭，
> 把黑海神的帽子戴戴……，
> 柳德米拉把帽子轉來轉去，
> 卡到眉毛上，正戴歪戴，最後乾脆倒過來戴。
> 怎麼了？啊，古時候的奇蹟！
> 柳德米拉在鏡子裡不見了；
> 把帽子往前轉……鏡子裡又是原來的柳德米拉；
> 往後一轉……又看不見了。
> 「真棒！魔法師！這會兒瞧著吧！
> 這會兒我在這裡十分安全……。」

被俘虜的柳德米拉唯一的護身術，就是她具有隱形能力。在可靠的隱形帽掩護下，她躲開了衛兵的監視。這個看不見的女俘虜在不在，衛兵們只能根據她的動作來判斷。

> 隨時隨地都可以發現，
> 她那一閃即逝的蹤跡：
> 忽而，枝頭發出響聲，

金燦燦的果實被人摘去；

忽而，一滴滴清澈的泉水

滴落到被踐踏了的草地：

城堡裡的人必然知道，

是公主藉以解渴充饑……。

等到夜色剛剛消散，

柳德米拉向瀑布走去，

用冰冷的水流洗洗臉。

有一次，正當清晨時候，

小矮人從他房中看見，

有一隻看不見的手把瀑布拍得四下飛濺。

　　許多古代的夢想已經實現了，很多神話中的魔術已經成了科學財富：穿越高山、捕捉閃電、坐著飛毯飛行……，那麼，難道不能製作一頂「隱形帽」嗎？也就是找到一種方式來讓自己不被別人發現，我們現在就來談這個問題。

❀9.4　隱形人

　　在小說《隱形人》中，英國作家威爾斯試圖說服讀者，隱形是完全可能實現的。他的主人公（作者把他描述成一位「世界上從來沒有過的天才物理學家」）發明了一種方法，

可以使人的身體變得看不見，下面是他對一位熟悉的醫生講述的自己發明的根據：

　　物體的可見度是由物體本身對光的反射而決定的，你肯定知道，任何物體不是吸收光就是反射或折射光，或者兩者皆是；如果它既不吸收，又不反射或折射光線，那麼它本身就看不見了。譬如，你看見一個紅色不透明的箱子，這是因為這種顏色吸收了一部分光，而把其餘的光，也就是紅色的光反射給你的緣故；如果它不吸收任何光，而全部反射出來，那麼你看見的只是一個晶瑩的白色箱子，白銀就是這樣。一個鑽石盒子基本上不吸收光線，表面上也大致不反射光線，只是在部分表面反射或折射光線，因此你能看到的是一個光彩奪目、閃閃發亮的透明體；一個玻璃盒子就不會像鑽石盒子那樣閃爍、清晰可見，因為玻璃的反射和折射程度都較差。明白了嗎？從某些方面來看，你可以透過玻璃看得很清楚，還有幾種特殊玻璃比一般的玻璃看得更清楚，就拿鉛玻璃做的盒子來說，它就比那種窗戶上用的普通玻璃所做的盒子來得明亮。用很薄的普通玻璃做的盒子在暗淡的光線下很難看得見，因為它幾乎不大吸收光線，而且反射和折射的光也很少，如果你把一塊普通的白玻璃放在水裡，特別是放進密度比水大的液體裡，那麼它就幾乎完全看不見了，因為光經過水到達玻璃時，已經很少折射或反射，或者只會受到一點影響而已，它幾乎像空氣中的一股煤氣或氫氣那樣無影無蹤，這其中的道理是完全一樣的。

　　「是的。」開普醫生說，「這很簡單，任何一個小學生都懂得這一點。」

　　「任何一個小學生都懂得的還有一個事實。如果把一塊玻璃打碎，打得粉碎，它在空氣裡就可以看得很清楚，因為它成了一種不透明的粉末，變成粉末的玻璃反射面和折射面就多得多。一塊玻璃只有兩個面，但在粉末中，每個微粒都折射或反射光線，光線很少能直接穿

過粉末；但是這種白色的玻璃粉末一旦放進水裡，它馬上就看不見了，這是因為玻璃粉末和水的折射率相差無幾，就是說，光線從一個微粒射到另一個微粒去的時候，就很少產生折射或反射了。

假如你把玻璃放進一種折射率幾乎相同的液體裡，那玻璃就看不見了；一個透明體一旦放在同一折射率的媒介物中，就會變得看不見。你只要略加思索就能想到：如果使玻璃粉末的折射率和空氣一樣，那麼它就可以在空氣中消失了，因為這樣一來，當光線從玻璃進入到空氣中去的時候就不會產生反射或折射了。[2]」

「是的，是的。」開普說，「可是人並不是玻璃粉末！」

「不錯。」格里芬說，「人的光密度更大。」

「胡說！」

「這是個自然科學家說的話嗎！你居然這麼健忘！在這 10 年中你把物理學都忘乾淨了

2　如果把一個完全透明的物體用一種能夠十分均勻地散射光線的牆圍繞起來，我們就可以使這個物體完全看不見。這時候，你如果湊在旁邊一個小洞往裡看，你的眼睛從這個物體所有各點上得到的光，會與這個物體完全不存在時得到的光一樣多，沒有任何閃光或陰影會暴露這個物體的存在。這個實驗的做法是這樣：用白色厚紙片做一個直徑半公尺的漏斗，把它放在離一個 25 燭光電燈泡有一些距離的地方，像圖 107 那樣。從漏斗下面插進一根玻璃棒，要盡可能把它插直，稍微歪一點就會使玻璃棒的中心軸顯得比較黑，邊緣顯得比較亮，或者相反（這兩種照明情況在玻璃棒略微變動一下位置的時候，就會從一種變成另一種），在試了許多次以後，才能使這根玻璃棒照明得十分均勻。這時候如果把眼睛湊在側面一個不到 1 公分寬的小孔往裡看，就會完全看不見這根玻璃棒。在這種實驗的條件下，雖然玻璃物體的折射能力與空氣的折射能力有很大的差別，可是玻璃物體還是可以變得完全看不見。

嗎？想想那些其實透明看起來卻不透明的東西吧！就拿紙來說，它是用透明的纖維做成的，這些透明的纖維製成紙後卻呈白色而不透明，其原因就與玻璃粉末一樣。如果在白紙上塗一層油，紙的分子間的空隙被油填充，情況就不一樣，它除了表面以外，不再產生折射和反射，那麼紙就和玻璃一樣變得透明了。開普，不僅是紙，就是棉、麻、羊毛、木頭、骨頭等東西的纖維，以及肌肉、毛髮、指甲和神經，事實上，整個組成人體的纖維，除了血液的血紅素和毛髮的黑色素以外，都是由無色透明的細胞構成的——由於它們極其微小，因此我們彼此可以看見。」

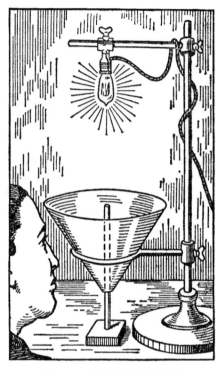

圖 107　看不見的玻璃棒

有一個事實也可以證實這種見解：身上沒有毛、組織裡缺乏色素的患有白化病的動物，是相當透明的。1934 年，有一位動物學家在兒童村找到一隻患白化病的青蛙，他是這樣來描述的：「薄薄的皮膚和肌肉組織能透光，可以看見體內的器官和骨骼……透過腹腔可以清楚地看到青蛙的心臟和腸子的蠕動。」

威爾斯小說的主人公發明的方法，可以把人體的所有組織，包括身體的色素都變透明。他成功地將自己的發明運用到了自己的身上，實驗很成功——發明家完全成了一個隱形人。關於這位隱形人的命運，我們現在來講一講。

◌∫9.5　隱形人的威力

　　《隱形人》的作者十分聰明並極有邏輯性地說明了，一個人一旦成爲隱形或透明人，就能具有無限的威力：他可以進入任何一間屋子而不被發現，毫無顧忌地拿走任何東西。由於自己是隱形的，所以別人捉不到他，他就能和整隊的武裝軍隊戰鬥並取得勝利；隱形人可以用難以躲避的懲罰來威脅所有無法隱形的人，將整個城市的居民都置於自己的管轄之下；他既不會被人捉到，也不會受到傷害，但同時自己又能給其他人帶來傷害，不論他們如何想辦法保護自己，這位看不見的敵人遲早都能找到並迫害他們。這位英國作家筆下的主人公具有的這種優越地位，使得他可以向城市裡受他威脅的人發布如下命令：

　　「城市已經不再屬於女皇陛下的管轄了，它屬於我 —— 恐怖！今天是新紀元 —— 隱形人時代的元年元日。我是隱形人一世，現在剛開始，我的統治是相對寬鬆的，但爲了警示大眾，第一天將對一個人處以極刑，這個人名叫開普，今天就是他的死期。他可以把自己禁閉起來、躲藏起來，想方設法做好防衛工作，如果他高興的話，還可以穿上鋼盔鐵甲。但死亡，看不見的死亡，就要來臨，讓他事先做好準備，這樣更能使我的人民銘記在心。死神大約在中午的時候開始降臨，戲要開演了，死神即將降臨，誰也別幫助他，我的人民，否則死亡也會落到你的頭上。」

　　就這樣，隱形人開始的時候獲得了勝利。遭受威脅的居民們在做出巨大的努力之後，才成功地戰勝了這位想成爲皇帝的隱形人。

✑ 9.6　透明的標本

　　這部幻想小說中的物理推理可不可信呢？完全可信，任何一個透明的物體在透明的環境中變得不可見的條件是：折射率之差小於 0.05。在這位英國小說家寫了《隱形人》10 年之後，德國的一位解剖學家將這個想法付諸了實踐 —— 當然不是針對活的機體，而是死的標本。現在可以在很多博物館見到這些動物身體各部分的透明標本，甚至還有整個動物的標本。

　　由這位教授在 1911 年發明的製作透明標本的方法是這樣的：在進行漂白和洗淨之後，將標本放在水楊酸甲酯（這是一種無色的液體，具有很強的折射作用）中浸泡。用這種方法製作出老鼠、魚以及人體各個部分的標本，再放進裝有同樣溶液的容器中。

　　當然，不能將這些標本製作成完全透明，否則牠們就會變得完全看不見了，這樣對動物解剖學家是沒有任何益處的；但如果願意的話，是可以製作完全透明的標本的。

　　但是，現在還遠遠難以實現威爾斯的幻想，將活人弄成透明到別人完全看不見的程度。因為，首先需要把活的人體浸在具有透明作用的溶液中，同時不能傷害其組織機能；其次，這位教授製作的標本只是透明而非不可見的，這些標本只有放入裝有相應折射率的溶液的器皿中，才會變得看不見。要使這些標本在空氣中也是隱形的，只有當牠們的折射率等於空氣折射率的時候才行，至於要如何才能達到這一點，我們目前尚不知道。

　　但我們假設，若有一天上面兩點都做到了，這位英國作家的夢想就實現了。

　　小說中的一切作者預先都有周密的考慮，所以大家會不由自主地相信他寫的是事實。似乎，現實中真有這樣最具威力的隱形人，但事實並非如此。

《隱形人》的作者忽略了一個小小的情況，這一點我們在下一節會提到。

∞ 9.7　隱形人看得見嗎？

如果威爾斯在下筆寫小說之前問自己這樣一個問題，那麼《隱形人》中精彩的故事也許就永遠寫不出來了。

事實上，就是這一點使對隱形人的幻想化為泡影 —— 隱形人應該是瞎子！

為什麼小說的主人公會看不見呢？因為他身體的各個部分 —— 包括眼睛 —— 都是透明的，因此眼睛的折射率等於空氣折射率。

我們來想想眼睛的功能：它的晶狀體和玻璃體以及其他部分會對光線產生折射，使得外界物體的像能夠出現在視網膜上。但是如果眼睛和空氣的折射率相等，那麼就不會產生折射現象：光線從一種介質進入另一種折射率相等的介質的時候，不會改變方向，因此也就不會匯集到一點。光線會毫無障礙地進入隱形人的眼睛，不會發生折射，也不會留在眼睛裡（因為隱形人的眼睛裡沒有色素[3]），所以隱形人的眼睛裡不會有任何物像。

因此，隱形人什麼也看不見，他所有的優勢都是沒用的。這位可怕的想當統治者的人

3　為了在動物的眼睛裡產生感覺，光線進入眼睛的時候應當引起一定的哪怕十分小的變化，為此，至少一部分光線應當留在眼睛裡。但完全透明的眼睛，是無法留住光線的，否則它就不會是透明的了。那些用透明的身體來保護自己的動物，其實眼睛也並不是完全透明的。著名的海洋學家默里寫道：「海底中的大多數動物都是無色透明的，如果用網把牠們撈起來，我們就只能根據牠們黑色的小眼睛認出牠們，因為牠們缺乏血紅素，並且是完全透明的。」

只能流浪街頭，求人施捨，但是人們卻無法幫助他，因為誰也看不見他，這個最有威力的人實際上會成為一個束手無策的、處境悲慘的廢人[4]……。

因此，按照威爾斯的方法來尋找「隱形帽」是沒有用的；即便一切順利，也不會使我們達到目的。

☼ 9.8　保護色

但是另外有一種途徑可以解決「隱形帽」的問題：給物體塗上相應的顏色，使眼睛看不見它。大自然一直在利用這種方法：它為自己的造物穿上「保護色」，這樣來保護牠們不受敵人的傷害或者使牠們的生存不那麼殘酷。

軍事上所說的迷彩，從達爾文時代起的動物學家都稱其為「保護色」或者「掩護色」，動物世界利用這種方法來保護自己的例子成千上萬，我們可以隨處碰到。生活在沙漠中的動物，大多都有微黃的「沙漠色」，獅子、鳥兒、蜥蜴、蜘蛛、蠕蟲等也會有這種顏色，總之，沙漠動物群中很多動物身上都有這種顏色；相反，生活在北方極地的動物，不論是北極熊，還是對人沒有危害的海鳥，都是白色的，這就使牠們在雪地上不是那麼容易被發現；生活在樹皮上的蝶蛾和毛蟲，顏色都和樹皮很相近。

每一位捕捉昆蟲的人都知道，由於自然界給昆蟲都披上了保護色，所以要找到牠們很

4　或許，小說家是有意這樣疏忽的。要知道，威爾斯通常是用文藝作品的創作方法來寫科幻小說，他用大量真實的細節來掩飾科幻小說中的根本缺陷。在這本科幻小說的美國版裡，作者在序言中透露了這一點。

困難。大家可以試試捉一下草地上吱吱叫的綠色蚱蜢 —— 在綠色的草地上，很難發現牠們的蹤影。

　　水生動物也如此，生活在褐色藻類中的海洋生物，都具有保護性的褐色，人眼看不見牠們；在紅色海藻區域生活的生物，主要的保護色是紅色。銀色的魚鱗也具有保護作用，它保護魚類既不受到空中猛禽的傷害，又不受到水下大魚的襲擊：從上往下看的時候，水面呈現鏡子的模樣，從水下往上看更是如此，魚鱗的顏色剛好與這種發亮的銀色背景融合在一起。至於水母和其他生活在水裡的透明動物，像蠕蟲、蝦類、軟體動物等，牠們的保護色完全是無色透明的，敵人在無色透明的環境中是看不見牠們的。

　　自然界在這一方面遠遠超過了人的創造能力，許多動物都能夠根據周圍的條件來改變自身保護色的色調。在雪地上不容易被發現的銀鼠，如果不隨著雪的融化而改變自己皮毛的顏色，那麼保護色的優勢就不會有了。因此，每年春天，這種白色的小動物就會換上一身紅褐色的皮毛，使得自己跟化雪後的土壤顏色一致；隨著冬季的來臨，牠們又會換上雪白的冬衣。

ᘓ 9.9　偽裝色

　　人們從萬能的大自然那裡借用了這種有用的技術，使自己的身體跟周圍環境融合在一起不被發現。從前戰場上那些色彩豔麗的軍裝，現在已經過時了，代替它們的是具有保護作用常見的單色軍裝。現在軍艦的灰色鋼甲也是一種保護色，它使軍艦在海洋的背景上很難被分辨出來。

所謂的「偽裝戰術」也是基於同樣的目的，將防禦工程、大炮坦克、兵艦偽裝起來，有的用人造煙霧掩藏起來，這樣就可以迷惑敵人。兵營也會用特殊的網來進行隱蔽，網眼裡還要編上一叢叢的綠草，戰士們也要穿上草綠色的軍裝。

現代軍用航空中也廣泛利用保護色和偽裝。

塗了褐色、暗綠色和紫色（根據地面色彩而定）的飛機，從上空觀察的敵機就很難從同樣色彩的地面背景中將其分辨出來。

而飛機的底部則用淺藍色、淺玫瑰色和白色偽裝起來，這樣飛機就和天空的顏色相近，可以迷惑地面觀察者，在 740 公尺的高空，這些顏色就不太容易被分辨出來，進行了如此偽裝的飛機位於 3000 公尺高空的時候就會消失。而夜間使用的轟炸機應當偽裝成黑色。

適用於各種環境的偽裝色，是一種能夠反射背景的鏡面，有這樣外表的物體會自動換上周圍環境的顏色，這樣從遠處基本分辨不出來。第一次世界大戰的時候，德國人就曾在齊柏林式飛艇上使用過這種方法：這些眾多齊柏林式飛艇的表面都是發光的鋁，能夠反射天空和雲彩，如果不是馬達會發聲的話，在飛行的時候很難發現這些飛艇。

民間故事中關於「隱形帽」的夢想在大自然和軍事上得到了實現。

✿ 9.10 水底下的人眼

假設你可以在水下睜著眼睛停留任意時間，你能看見些什麼呢？

由於水是透明的，所以似乎沒有什麼能阻止水下的人眼和空氣中的人眼看得一樣清楚，但是，大家是否還記得「隱形人」之所以會盲，就是因為他的眼睛和空氣的折射率是

一樣的，我們在水下和「隱形人」在空氣中的情形基本是一樣的。借助數字會更清晰，水的折射率是 1.34，人眼裡各種透明物質的折射率如下：

角膜和玻璃體……………………… 1.34

晶狀體……………………………… 1.43

水狀液……………………………… 1.34

可見，晶狀體的折射率只比水大 $\frac{1}{10}$，而其他部分和水的折射率是一樣的。因此，在水下的時候，光線在人眼裡所成的焦點是在視網膜後面很遠的地方，這樣視網膜上呈現的物像就會很模糊，人就很難看清楚要看的東西。只有非常近視的人在水底下才能比較正常地看到物體。

如果想體驗水底下看到的物體是什麼樣子，可以戴上一副度數很大的近視眼鏡（雙凹透鏡），這時候折射到眼睛裡的光線，就會在視網膜後面很遠的地方聚焦，周圍的一切就會呈現出十分模糊的景象。

那麼，人可不可以利用折射率很強的眼鏡來幫助在水下看東西呢？

一般的眼鏡鏡片是沒有多大作用的：普通玻璃的折射率是 1.5，也就是比水的折射率（1.34）稍大一點點，這種眼鏡在水下的折射能力是很弱的。我們需要一種折射率很強的特殊的玻璃（也就是所謂的鉛玻璃，折射率差不多是 2）才行，借助這樣的眼鏡，在水下就多少能清楚地看東西了（關於潛水用的特殊眼鏡，我們接下來會講）。

現在就明白了，為什麼魚眼的晶狀體（圖 108）是特別凸出的。魚眼的晶狀體是球形的，它的折射率是我們所知的動物眼睛中最大的，若非如此，生活在折射能力很強的環境中的魚類，眼睛基本上就是毫無用處的了。

∝ 9.11　潛水夫是怎麼看見東西的？

　　許多人也許會問這樣一個問題：既然我們的眼睛在水裡基本上不會折射光線，那麼身穿潛水服工作的潛水夫在水底是怎麼看見東西的呢？要知道潛水夫所戴的面具通常裝的是平玻璃，而不是凸玻璃。另外，儒勒·凡爾納的「鸚鵡螺號」的幾位乘客，能不能透過潛水艇的窗戶觀賞水下世界的風景？

　　這是一個新問題，但是並不難回答。如果我們注意到，在沒有穿潛水服的時候，我們的眼睛是和水直接接觸的，但戴了潛水面具（或者是在「鸚鵡螺號」的船艙裡），眼睛和水之間隔了一層空氣（以及玻璃），這就從根本上改變了問題的性質。水中的光線透過玻璃，先是進入空氣，然後再進入我們的眼睛，按照光學原理，從水裡以任意角度射到一塊平玻璃上的光線，離開玻璃之後並不會改變方向。但是接下來從空氣進入眼睛的時候，光線又會發生折射 —— 這時候眼睛就和在陸地上具有同樣的功能了，解答標題中問題的關鍵就在這裡。有一個事實可以極好地說明這一點，那就是我們能十分清楚地看見在魚缸中游動的魚。

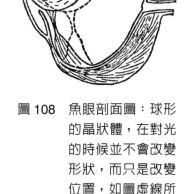

圖 108　魚眼剖面圖：球形的晶狀體，在對光的時候並不會改變形狀，而只是改變位置，如圖虛線所示

CR *9.12*　水下的玻璃透鏡

　　大家是否嘗試過這樣一個簡單的實驗：把雙凸透鏡（放大鏡）放進水裡，然後透過它觀看水裡的東西？試試看吧，你會為一種意外情況感到吃驚的——水裡的放大鏡幾乎不會放大了！而將縮小鏡（雙凹透鏡）放進水裡，它似乎就失去了縮小的功能。如果你不是用水，而是用植物油（比如說松子油）來做實驗的話（這種油的折射率比玻璃要大），那麼雙凸透鏡反而會縮小物體，而雙凹透鏡會放大物體。

　　但是，如果回想一下光的折射原理，這些奇怪的現象就不會讓你大吃一驚了。雙凸透鏡在空氣中能夠放大物體，是因為玻璃的折射率比周圍空氣的折射率大；但是玻璃和水的折射率相差很小，因此，如果把玻璃透鏡放在水裡，光線從水裡進入玻璃的時候，就

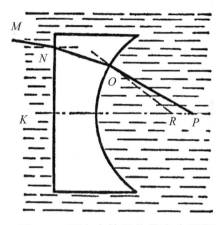

圖 109　潛水夫使用的是空心平面透鏡。光線 $\overline{MN}$ 投射之後，沿著 $\overline{MNOP}$ 前進，在透鏡裡面，它遠離法線；在透鏡之外，它靠近法線 $\overline{OR}$，所以這種透鏡就像是一個聚透鏡

不會偏折得很厲害。正因為如此，放大鏡到了水裡，它的放大能力就要比在空氣裡的時候小得多，而縮小鏡的縮小功能也會小很多。

　　植物油的折射率比玻璃大，因此在這種液體裡放大鏡會將物體縮小，縮小鏡會放大物體。空心透鏡（更準確地說是空氣透鏡）在水裡的作用也一樣：凹鏡會放大，凸鏡會縮小。潛水夫用的正是這樣的空心透鏡。

☯ 9.13 沒有經驗的游泳者

　　那些沒有經驗的游泳者經常遭遇危險是因爲他們忘記了光折射原理產生的一種有趣現象：他們不知道，水裡的物體位置好像抬高了一些。這樣的話，池塘、溪流以及每一個蓄水池的底部，在人眼看來差不多比真正的深度淺了 $\frac{1}{3}$，如果將這種假像當真，往往會陷入十分危險的境地。孩子和身材不高的人尤其需要注意這一點，因爲對他們來講，如果對深度的判斷失誤了，就可能會有致命的危險。

　　原因在於光線會折射，這一光學定律可以用來解釋，爲什麼一半浸在水裡的茶勺好像是折斷了似的 —— 因爲容器底部似乎是升高了。

　　大家可以來驗證這一點。讓同學們坐在桌子旁邊，但是不讓他們看到面前的茶杯底部，往茶杯底部放進一枚硬幣，因爲有茶杯壁的遮擋，所以大家是看不到這枚硬幣的。這時

圖 110　一半浸在水裡的茶勺，看上去好像是折斷了一樣

候讓大家別轉頭，仔細觀察茶杯，一件出乎意料的事情就發生了 —— 你的同學居然能看見硬幣了！將茶杯中的水倒去 —— 茶杯底部和硬幣重新又沉下去了（圖 111）。

　　圖 112 是對這種現象的闡釋。盆底 m 這裡，在觀察者（他的眼睛在水面上 A 點）看來好像是抬高了：光線發生了折射，從水中進入空氣，再按照圖中所示的方式進入人眼，而

圖 111　茶杯和硬幣的實驗

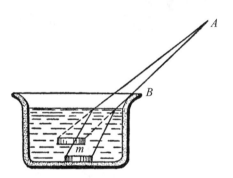

圖 112　為什麼圖 111 中的硬幣像是
　　　　被抬高了？

眼睛會認為這裡在這兩條線的延長線上，也就是在 m 的上面。光線越是傾斜，m 點就會被抬得越高，這就是為什麼我們在小船上觀看平坦的池底時，常常會覺得池塘最深的部分在我們正下方 —— 其他地方則越遠越淺。

　　因此，池底在我們看來是凹形的。相反，如果我們從水底來看橫跨在河面的橋，我們

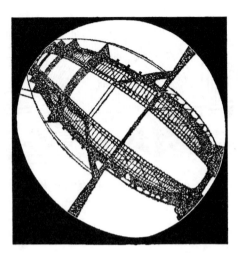

圖 113　一座橫跨河面的鐵路橋，在
水底下的人看來是這樣的

會覺得它是凸形的（圖 113，至於這張照片是如何拍攝成的，我們以後再講）。這種情況下，光線是從折射率較小的介質（空氣）進入折射率比較大的介質（水），所以結果就會和光線從水中進入空氣相反。同理，站在魚缸前的一排人，在魚的眼睛裡也不應當是筆直的一排，而是弧形的，這個弧形會凸向魚。至於魚是如何看見人的，確切地說，如果牠們有人眼的話，應當怎樣看東西，我們接下來會詳談。

⚛ *9.14* 看不見的別針

　　將一枚別針插在一塊平的圓形軟木塊上，然後使別針向下，讓軟木塊浮在水盆裡。如

果這個軟木塊足夠寬，那麼無論你如何偏著頭看，都看不見別針 —— 儘管它好像足夠長，以至於軟木塊不會遮住你的視線（圖 114）。為什麼別針發出的光線無法到達我們的眼睛呢？因為這些光線發生了物理學上所謂的「全反射」作用。

圖 114　用別針做的實驗，我們看不見水裡的別針

　　我們來解釋這種現象的原因。圖 115 中，我們可以看到光線從水中進入空氣的路線（基本上光線從折射率較大的介質進入折射率較小的介質都是這樣）以及相反的路線。當光線從空氣進入水中的時候，它們會距離「法線」較近，比如說，當光線和法線之間的角度為 β 時，光線進入水中就會沿著比 β 小的 α 方向前進（圖 115(a)）。

　　但是如果光線通過水面，跟法線差不多呈直角射在水面的時候，情況會是怎樣呢？光線入水的角度會比直角小，是 48.5°，不可能會比這個角度大，對水來講，這個是臨界角。需要弄清楚這些簡單的關係以後，才能明白那些出人意料而又十分有趣的光折射現象。

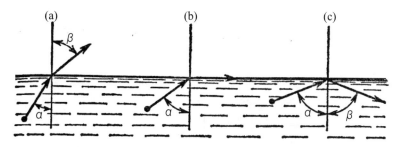

圖 115　光線從水中進入空氣的各種折射情況：在圖 (b) 中，光線和水相遇的時候跟法線之間的角度等於臨界角，光線從水中出來之後，就沿著水面射出去；圖 (c) 畫的是全反射的情況

　　現在我們知道，光線以一切可能的角度進入水中之後，都會聚集在一個相當狹窄的圓錐體中，這個圓錐體的頂角是 48.5°+48.5° = 97°。我們現在來觀察光線從水中進入空氣的情況（圖 116）。

　　按照光學原理，這些光線的路線會跟上面說的完全相同。包含在上述 97° 圓錐體裡面的一切光線，進入空氣的時候，會沿著水面以上整個 180° 的空間，按照不同的角度散開去。

　　那麼圓錐體之外的光線，都到哪裡去了呢？原來它們都走不出水面，水面就如同一面鏡子，把它們全部反射回去了。總體來講，任何一條水下光線，如果跟水面相遇的時候角度大於臨界角（也就是大於 48.5°），就不會發生折射，而是反射；按照物理學的說法，發生了「全反射[5]」。

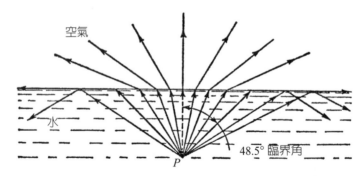

空氣

水

48.5° 臨界角

P

圖 116　當從 P 點射出的光線跟法線之間的角度大於臨界角
　　　　（對水是 48.5°）時，光線無法從水中進入空氣，而
　　　　是完全反射在水中

5　之所以叫「全反射」，是因為這時候的光線都會被反射回去，即便是最好的反射鏡（用磨光的鎂或者銀製成的），也只能反射出射到它表面的部分光線，其餘部分都被吸收了。上述條件下，水是一面絕佳的鏡子。

如果魚類能夠研究物理學，光學中對牠們來講最重要的就應當是「全反射」，因為這種現象對牠們起著第一重要的作用。

許多魚都是銀白色，這可能和水下的視覺特徵有關係。動物學家認為，銀白色是魚類適應水面顏色的結果（這我們已經說過），從下往上看的時候，水面由於發生「全反射」，很像一面鏡子，在這樣的背景下，只有銀白色的魚才不容易被牠們的水下敵人發現。

∝ 9.15　從水底下看世界

很多人都沒想過，如果我們從水底下來看世界，世界將會是一幅怎樣不一樣的景象？它在觀察者看來會變得幾乎認不出來了。

設想你是在水下，正抬頭看水上的世界。你頭頂天上的雲彩一點也不會改變形狀——因為垂直的光線是不會發生折射的。但所有其他物體，只要它們射出的光線跟水面成銳角，都會被扭曲，它們的高度像是被壓縮了一樣——光線和水面所成的角度越小，就壓縮得越厲害。這是可以理解的，要知道水面上世界都是在那個狹小的水下圓錐體裡，180° 差不多被壓縮了 $\frac{1}{2}$，只剩 97° 了，因此物像不可避免地就會被壓縮（圖 117）；如果光線跟水面所成的角度只有 10° 左右，那麼物體就會被壓縮得基本無法分辨了。

但是最讓人吃驚的還是水面自身的形狀，從水底看來，水面完全不是平的，而是一個圓錐形！人會覺得是在一個大的漏斗底部，漏斗壁彼此之間傾斜的角度大於直角（97°），這個圓錐體的邊緣是一個由紅色、黃色、綠色、藍色和紫色等各種顏色組成的彩色圈。白

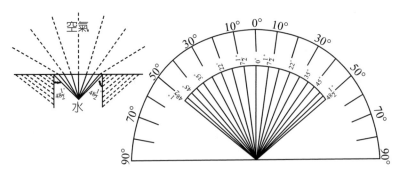

圖117　水外面180°的弧形，對水裡的觀察者來講就縮小成了97°
　　　　的弧；距離頂角（0°角）越遠的弧上的部分，縮小的程度
　　　　越厲害

色的太陽光是由各種顏色的光組成的，每一種光線都有自己的折射率、自己的臨界角，因此，從水底下看來，物體好像就是被一層彩虹光圈包圍著了。

那麼這個圓錐體之外的世界，會是什麼樣子的呢？那是一片發光的水面，像一面鏡子一樣，會反射水底下的各種東西。

那些一部分浸在水中，一部分露出水面的物體，在水下的觀察者眼中，會呈現出一幅十分特別的景象。假設水裡有一個測量河水深淺的標竿（圖118），那麼在水下 A 點的人會看到什麼呢？我們現在將他能看到的 360° 空間分成幾個區域，然後對每一區域分別進行研究。在視野 1 的範圍內，如果河底光照條件足夠好的話，他能看到河底；在視野 2 範圍內，他能看到沒有被彎曲的標竿的水下部分；在視野 3 內，他大約會看到標竿同一部分的映射，也就是標竿浸在水裡的部分的倒影（這裡說的是「全倒影」）；再高一些，水下的觀察者能看見標竿在水面上的部分——但是它和水下部分並不相連，位置要得多，跟下面部分

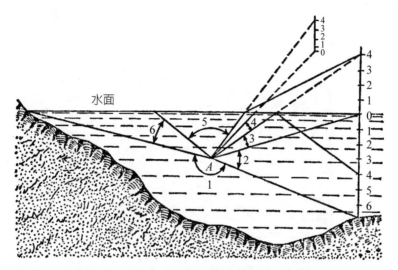

圖 118　眼睛位於 A 點的水下觀察者看到的一根半沉在水裡的標
　　　　竿；在視野 2 裡可以看到模糊不清地浸在水裡的標竿；
　　　　在視野 3 裡，可以看到這部分標竿在水面上的映射；在
　　　　更高的地方，可以看到露出水面的標竿，但是被壓縮了，
　　　　並且和水下的部分相隔很遠；在視野 4 裡，可以看到河
　　　　底的成像；在視野 5 中，可以看到呈錐形的全部水面世
　　　　界；在視野 6 裡，可以看到河底的映射；在視野 1 裡，
　　　　可以看到河底模糊的像

完全脫離開來了。若沒有特別提到，觀察者一定不會想到，這個懸在空中的標竿就是原先
那段標竿的延長部分！並且這一部分標竿被大大地壓縮了，尤其是它的下面部分 —— 那裡
的刻度線已經十分接近了。河岸上被洪水淹沒了一半的大樹，從水底下看的時候，會呈現
圖 119 中的景象。

圖 119　從水底下看被水淹沒了一半的大樹（可以和
圖 118 進行比較）

　　如果標竿的地方有一個人，從水底下看到的就會是圖 120 的樣子，游泳的人在魚的眼睛裡就是那個樣子！在魚看來，在淺水中行走的我們，像是被分成了兩截，變成了兩個動物：上面是一個沒有腳的動物，下面是一個沒有頭的四肢動物！當我們遠離水下觀察者的時候，我們身體的上半部分就會被往下壓縮得很厲害；當我們繼續離開到一定的距離之後，整個身體都會消失 —— 只剩下一顆懸在空中的頭……。

　　可不可以通過實驗來直接檢驗這些結論呢？在水底下的時候，即便是可以睜著眼睛，我們所能看到的東西也很少，首先，我們只能在水下待幾秒鐘，而在這段時間內，水面還

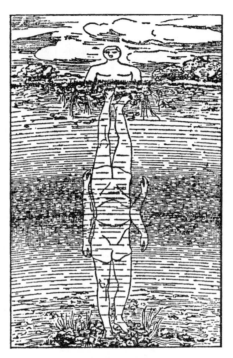

圖 120　一個齊胸浸在水裡的人，從
　　　　水下看到的是這個樣子（可
　　　　以和圖 118 進行比較）

來不及平靜，因此透過晃動的水面是很難分清楚東西的；其次，就像前面講過的，水的折射和我們眼睛中透明部分的折射差別不大，因此視網膜上呈現的物像會很不清楚，周圍的一切看上去都會模糊不清（參看 9.8 節）。從潛水鐘、潛水帽或者潛水艇的玻璃窗向外看，也是無法看到想要看的東西的，就像我們已經講過的，這種情況下觀察者雖然在水下，但是並沒有「水下視覺」：光線在進入我們的眼睛之前，需要穿過玻璃，然後再進入空氣，

所以會遭到相反的折射；這樣光線若不是恢復了原來的方向，就是取得了新的方向，但無論如何都不會是在水裡的方向。這就是為什麼從水下的玻璃窗往外看，也不能獲得「水下視覺」的效果。

但是並不需要親自到水下去，從水下來看水上的世界，使用一種內部裝滿水的特別照相機就可以來研究「水下視覺」。這種相機沒有鏡頭，使用的是一種中間鑽有小孔的金屬片，很容易明白，如果光孔和感光底片之間的全部空間都充滿了水，那麼外面的世界在底片上的成像，就會和水下觀察者看到的一樣。用這種方法，美國物理學家伍德拍攝到了十分有趣的照片，圖 113 就是其中的一張。至於水上物體相對於水下觀察者形狀發生扭曲（比如說直的鐵路橋變成了弧形）的原因，我們在解釋平坦的池底為什麼看上去像是凹形的時候，已經講過了（參看 9.13 節）。

還有另外一種方法，可以讓我們認識水下觀察者看到的世界的樣子：在平靜的湖水中放入一面鏡子，適當地使它傾斜，這樣來觀察水上物體在鏡中的成像。

觀察得到的結果會和我們剛才講解的理論是一樣的。

所以，水裡的眼睛和水外的物體之間的那一層透明水層，將水面上整個世界都扭曲了，使這個世界呈現出一種奇異的輪廓。在陸地上生活的動物到達水下以後，一定會認不出牠曾經居住的那個水上世界 —— 從透明的水底深處看水上世界的時候，會發現這個世界模樣已經大變。

෬ *9.16*　深水中的顏色

美國生物學家畢布曾非常生動地描寫過水下顏色的變化：

我們乘坐潛水球沉到了水裡，我們意外地從一個金黃色的世界來到了一個綠色世界。當泡沫和浪花離開舷窗之後，我們被一片綠色包圍，我們的臉、瓶罐，甚至是漆黑的牆壁都染上了綠色；但是甲板上的人卻覺得，我們到了一片昏暗的紺青色水下世界。

剛剛沉到水裡的時候，我們眼睛就再也看不見光譜上的暖色光線[6]（也就是紅色和橙色），紅色和橙色好像是不存在的，很快黃色也被綠色所吞沒。雖然令人愉悅的暖色光線只是可見光譜的很小部分，但是當它們在 30 多公尺的深處消失了之後，剩下的就只有寒冷、黑暗和死亡了。

我們慢慢往下降，綠色也漸漸消失，在 60 公尺深度的時候，已經很難說水是綠中帶藍還是藍中帶綠了。

在 180 公尺的深處，周圍的一切像是被染上一種會發光的深藍色，這裡的光照十分微弱，根本不可能看書或者寫字。

在 300 公尺的深處，我試著分辨水的顏色 —— 藍黑色、深灰藍色。奇怪的是，藍色消失了之後，代替它的並不是可見光譜中的下一種顏色 —— 紫色，紫色像是被吞沒了。最後一些近似藍色的色彩，變成了無法分辨的灰色，灰色又變成了黑色。從這個深度開始，太陽

6　這裡的「暖」字，是畫家用來表示色彩的：他們把紅色和橙色稱為暖色，把藍色和青色稱為「冷色」。

被戰勝了，色彩也被永遠地趕了出去，只有人類帶著電光來到這裡，在之前的 20 億年中，這裡是一片絕對的黑暗。

關於更深地方的黑暗，這位研究者在另一處寫道：

750 公尺深處的黑暗比想像的要厲害，現在（在大約 1000 公尺的深處），一切都黑得不能再黑，水面上世界的黑暗只能算是這裡的黃昏，我從來沒有對「黑色」有如此深刻的體會。

∽ *9.17* 我們眼睛的盲點

如果有人對你說，在我們的視野範圍內有這樣一個地方，我們是完全看不見的，儘管它就在我們面前，你也許不會相信，難道我們這輩子連自己眼睛如此大的一個缺陷都不會發現嗎？但是有一個簡單的實驗可以讓大家相信這一點。

將圖 121 放在距離右眼（閉上左眼）大約 20 公分的地方，盯著左上方的十字 × 看，並慢慢將這個圖移近眼睛，在某個時刻，圖上右邊兩個圓相交處的大黑點，就會完全消失！它雖然還在可見區域內，但是我們卻看不到它，但是黑點左右的兩個圓還是可以看得清楚！

這個實驗第一次是由著名的物理學家馬略特在 1668 年完成（形式略微有些不同），他是這樣來做這個實驗的：將兩個人彼此相隔兩公尺臉對臉站著，並且都只用一隻眼睛看對

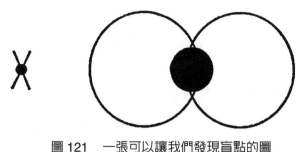

圖 121　一張可以讓我們發現盲點的圖

方的某一部位 —— 這個時候他們會發現，對方的頭不見了。

　　不論這有多麼奇怪，17 世紀的人們都已經知道，我們眼睛視網膜上有一個盲點，這一點以前是沒有人想過的。視網膜上的這個盲點，位於視神經已經進入眼球，但還沒有分成含有感光細胞的地方。

　　由於長久以來的習慣，當我們看不見視覺範圍內的一個黑點，我們的想像力會不知不覺地用周圍背景上的細節來彌補這個缺陷。在圖 121 中，我們雖然沒有看見這個黑點，但是我們會用想像力將這個缺失的部分填補出來，使我們認為在這塊地方看見了兩個圓相切。

　　如果你是戴眼鏡的話，可以來做這樣一個實驗：在眼鏡的鏡片上貼一小塊紙片（不要貼在正中，要貼在旁邊）。開始的幾天時間裡，這個紙片會影響你看東西，但是一週之後，你就對它習慣了，甚至都不再注意到它的存在；那些戴著有裂縫的鏡片的人就有類似的體驗：只有在開始的前幾天才會看見這個裂縫，這同樣也是由於長期的習慣，我們才看不到我們眼睛的盲點。除此之外，由於兩個盲點分別對應著每隻眼睛不同的視覺部分，所以在兩隻眼睛一起使用的視野範圍內，是沒有盲區的。

　　但是不要認為我們視覺中的盲點是無足輕重的，當我們用一隻眼睛看 10 公尺外的房屋

時（圖 122），由於盲點的存在，我們就會看不見它很大一部分的正面，這部分的直徑有 1 公尺多（有一扇窗戶那麼大）；如果用一隻眼睛注視天空，也會有一塊看不見的地方，面

圖 122　用一隻眼睛看建築物，視野裡有一塊（c'）和睜著的那隻眼睛的盲點（c）相對應的地方，我們完全看不見

積有 120 個滿月那麼大。

∞ *9.18* 月亮看上去有多大？

我們順便談談月亮的可視大小。如果問問周遭的熟人，他們覺得月亮有多大，你一定會得到五花八門的答案。大部分人會說，月亮有盤子那麼大；有些人說它的大小像一個裝果醬的碟子；有人覺得月亮像一個櫻桃，或者一個蘋果；一位中學生覺得，月亮在他看來像「一張可以圍坐十二個人的圓桌」；一位文藝作家則說，天空中月亮的直徑有 1 俄尺[7]。

為什麼對同一個物體大小的看法會有如此大的差別呢？

這個差別和距離的估算有關 —— 對距離的估計往往是無意識的。看到月亮和蘋果一樣大小的人，他所想像的月亮和自己的距離，一定比把月亮看成碟子或者圓桌的人估算的要小。

然而，大部分人都覺得月亮和碟子一樣大，由此我們可以得出一個有趣的結論。如果我們來算一下，要使見到的月亮呈現碟子大小，應當把月亮放在什麼樣的位置，結果是這個距離不超過 30 公尺，我們就是這樣不知不覺把月亮放在如此小的距離之外了。

由於對距離的錯誤估計引起了不少幻覺，我還清楚地記得小時候經歷的一次視覺欺騙。作為一個城市人，有一次在春天的時候我去了郊外，生平第一次見到了草地上的牛群。我將這個距離估算得如此離譜，以至於這些牛在我眼裡都成了侏儒，那以後我再也沒

7　1 俄尺等於 0.711 公尺。

有見過如此小的牛，當然，也不會再見到。

　　天文學家用來計算天體視大小的角度，就是我們看天體的角度，這個角叫做「視角」，是從我們所看的物體兩個極端延伸到我們眼睛裡的兩條直線之間的角度（圖123）。我們知道角的單位有度、分、秒。在月面大小的問題上，天文學家不會說這個月面有蘋果或者碟子那麼大，而是說，這個角有半度；這就是說，從月面的邊沿到達我們眼裡的兩條直線之間的角是半度大。這種測量視大小的方法是唯一正確的，不會產生歧義。

　　幾何學告訴我們，如果物體距離我們的遠近是它直徑的57倍，那麼它對我們的視角大小就是1度。比如說，一個直徑是5公分的蘋果，放在距離我們5×57公分的地方，它的視角大小就是1度，當這個距離加倍，它的視角大小就會是0.5度，這也是我們看見的月亮的視角。你也可以說月亮在你看來有一個蘋果那麼大——這必須在這個蘋果距離你570公分（大約6公尺）的條件下；如果需要將月亮的視大小當做一個碟子，那麼就需要將這個碟子放在30公尺遠的地方。很多人不願意相信月亮那麼小，但如果把一枚一分的硬幣放在距離眼睛相當於它直徑114倍的地方，它會剛好遮住月亮，雖然它距離眼睛只有2公尺遠。

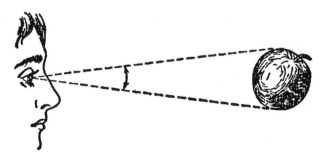

圖123　什麼是視角

如果你需要在紙上畫出肉眼可見的月面大小，這個題目的答案也許就是不一定的，因為這個圓可大可小，要根據它距離眼睛的遠近而定。但如果我們的距離是平時看書時候的距離，也就是所謂的明視距離，那麼對正常的眼睛來講，這個距離就等於 25 公分。因此，我們可以算出，印在我們這本書中的圓圈應當是多大，才會和月面的視大小相等，計算很簡單：應當用 25 公分除以 114，這個大小只比 2 毫米稍微大一些，寬度和本書的註腳中字的大小差不多。很難相信太陽和月亮的視大小是相等的，也就是說，它們的視角都很小。

大家也許曾注意到，當我們的眼睛對著太陽的時候，視角範圍內都會閃耀著光圈許久。這就是所謂「光的痕跡」，等於太陽的視大小。但是它們的大小是會變化的：當你看著天空的時候，它們同日面一樣大；等你看著面前的書時，太陽的這個「痕跡」就會是一個直徑大約爲 2 毫米的圓圈，這就證明我們的計算是正確的。

◌8 9.19　天體的視大小

如果我們按照這個比例在紙上畫出大熊星座，就會得到如圖 124 所示的情形。將這張圖放在明視距離來看，我們看見的星座就會和天空看見的一樣，這就叫做按照視角大小畫的大熊星座圖。如果你對這個星座（不只是圖，而是星座本身）有過很深的視覺印象，那麼，看了這張圖之後，你好像又會想起這種視覺印象來。如果知道所有星座的各個星體之間的角距（可以參考天文年曆和類似的參考書），你就可以用「天然比例」畫出整個天文圖，只需要有一張每格 1 毫米見方的方格紙，把紙上每 4.5 格當成 1 度就可以了（星球的圓圈面積，應當根據亮度來畫）。

圖 124　依照天然視角比例畫出的大熊星座圖（應當
　　　　放在距離眼睛 25 公分的地方來看）

　　我們現在來看行星，和恆星一樣，它們的視角非常小，對肉眼來講就彷彿只是一些亮點。這是可以理解的，因為沒有任何一顆行星（除了最亮時候的金星）對肉眼的視角超過 1 分，也就是說，不超過我們能分辨出物體大小的臨界視角（如果視角再小的話，物體對我們來講就只是一個點了）。

　　下面是用秒作單位的不同行星的視角，每一顆行星後面都有兩個數字 —— 第一個是行星距離地球最近時的視角，第二個是最遠時的視角：

行星	視角（秒）
水星	13～5
金星	64～10
火星	25～3.5
木星	50～31
土星	20～15
土星的環	48～35

　　按照「天然比例」在紙上這些大小是不能畫出圖來的，甚至是一分的視角（60 秒），在明視距離內，都只有 0.04 毫米 —— 這是肉眼無法分辨的大小。因此我們是將可以放大 100 倍的天文望遠鏡所見的行星圓面畫出來，圖 125 就是在這種情況下畫的行星視大小圖。圖下面的弧線代表在 100 倍的天文望遠鏡中的月面或者日面邊緣，這條線上面分別是水星距離月球最近和最遠時的大小；再往上是各種位相的金星，在金星離我們最近的時候我們是完全看不見的，因爲那時候朝向我們的是它沒日光照射的一面，接下來我們就能漸漸看到它窄窄的月牙般形狀了 —— 這是最大的行星圓面；在接下來的位相裡，金星越來越小，滿輪的時候，它的直徑只有月牙時的 $\frac{1}{6}$。

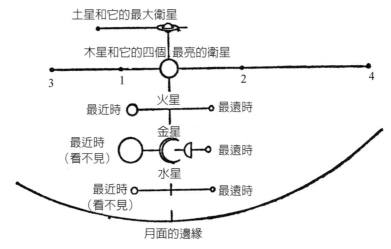

圖 125　將這張圖放在距離眼睛 25 公分的地方，我們看到圖中的
　　　　行星圓面的大小，就是這些行星在 100 倍的天文望遠鏡中
　　　　的大小

　　金星上面是火星，左邊我們能看到的是 100 倍的天文望遠鏡中的大小，從這樣小的圓面上我們能看出什麼呢？將這個圓面放大 10 倍，就是研究火星的天文學家使用 1000 倍的望遠鏡可以看到的景象。即便是這樣，在如此小的圓面上，能認出那些大家都知道的「運河」之類的細節嗎？能夠看出那些似乎是生長在火星「海底」的植物平淡顏色的輕微變化嗎？這就難怪有的觀察者提出的證據跟別人的有差別，一些人認為這不過是光學上的幻覺，但另一些人認為那是他們清楚地見到了的東西……

　　龐大的木星和它的衛星在我們這張圖中占據了十分顯著的位置：它的圓面比其他行星圓面大很多（月牙形狀的金星除外），它的四個主要衛星並排在一條直線上，幾乎是月面的一半大小（這裡畫的是木星距離地球最近的時候）；最後是土星和它的環，以及它最大的一個衛星（泰坦），它們距離地球最近的時候，也是很顯著的。

　　由上述內容可知，一個物體距離我們越近，就會看起來越小；相反，如果我們由於某種原因誇大了物體和我們之間的距離，這個物體本身在我們的眼裡就會很大。

　　接下來我們要講愛倫·坡的一篇很有啟發性的關於錯覺的故事。這篇故事好像有些令人無法相信，但完全不是虛構的，我自己也曾被這樣的幻覺欺騙過 —— 很多讀者也許生活中也有這樣的經歷吧。

∝ 9.20　「天蛾」—— 愛倫·坡寫的故事

　　在紐約霍亂流行得極其可怕的那年，我接到了一位親戚的邀請，讓我去他幽靜的別墅住兩週。如果不是每天都收到來自城市裡的可怕的消息，我們一定會過得非常不錯。每一天都

會傳來消息說，某一位熟人又去世了，來自南方的風中，似乎都充滿了死亡的氣息，這個令人恐懼的思想控制著我的身心。別墅主人是一個比較冷靜的人，總是竭力安慰我。

有一天很熱，太陽下山的時候，我捧著一本書坐在窗前，透過開著的窗戶，可以看見河面遠處的一座小山。附近城裡那些絕望和淒慘的消息早已將我的思緒引了開去，我的心思已經不在書上，抬起頭，我偶然看見了窗外那個小山裸露的山坡，一個奇怪的東西映入眼簾：一隻醜陋的怪物快速從頂上跑下來，而後消失在山腳的樹叢裡。看見怪物的第一時刻，我以為是我的思維出了問題，至少是眼睛不正常，過了幾分鐘之後我才確信，這不是我的幻覺。如果我將這隻怪物（我看得很清楚，牠從山上下來的時候，我一直都盯著牠）描述出來，我的讀者們或許是不會輕易相信的。

將這隻動物的大小和一些大樹做了比較，我確信，牠的大小超過任何一艘戰艦。我之所以要提戰艦，是因為這隻怪物的形狀就像是一艘戰艦：一艘裝有 74 門炮的戰艦可以給我們一個關於這隻怪物輪廓清晰的認識。怪物的嘴巴在一根吸管的末端，這根吸管長 6～7 英尺，差不多和一頭普通大象的身體一樣粗；吸管的末端有一叢叢密密的絨毛，兩根發光的長牙從毛裡凸出來，像野豬的牙齒一樣，向下面和兩邊彎曲，只不過這隻怪物個頭更大；吸管的兩邊有兩個大大的直角，長約 30～40 英尺，看起來好像是透明的，在陽光下閃著光亮。怪物的軀幹好像是個楔子，頂端朝上，立在地裡；楔子上有兩對翅膀，每個大約長 300 英尺，一對疊在另一對的上面，翅膀上密集地鑲嵌著金屬片，每個金屬片的直徑有 10～12 英尺。但這個怪物最主要的特點是牠頭的模樣：一顆下垂的頭，幾乎把整個胸部都遮住了，牠發著耀眼的白光，在黑色的背景上十分顯眼，像是畫出來的一樣。

我正恐懼地看著這個怪物，特別是牠胸部那個可怕的形狀，牠突然張開大口吼了

一聲……，我的神經再也支撐不住了，當怪物消失在山腳樹林的時候，我也昏倒在地上了……。

我醒來的第一件事就是跟我的朋友講述我看到的東西。聽完我的話之後，他先是哈哈大笑，然後神色變得很嚴肅，似乎一點也不懷疑那是我精神恍惚的結果。

這時候，我又看到了那隻怪物，我高聲叫著讓我的朋友看。儘管在怪物從山上下來的時候，我詳細地告訴了他怪物的位置，但我的朋友看了之後說，什麼也沒看見。

我用雙手捂著臉。我把手拿開之後，怪物已經消失不見了。

主人開始問我那隻怪物的外形，在聽了我的詳細的解釋之後，他似乎是鬆了一口氣，好像是從某種難以忍受的重壓下解放了似的。他走到書架跟前，拿了一本博物教科書。讓我換到窗前來看那本書。他坐在椅子上，打開書之後對我說：

「要不是你給我講解得如此詳盡，我或許根本無法向你解釋這是什麼東西，我先給你讀一段關於一種天蛾的描寫。」

「兩對帶薄膜的翅膀，翅膀上覆著有金屬光澤的帶色小鱗片；嘴裡的器官是伸長了的下顎形成的，在牠們的兩旁有長著柔毛的觸角的原始體；下面的翅膀同上面的翅膀之間有堅固的絨毛連接著；觸鬚突起，像三菱形；腹部削瘦。天蛾的頭掛在胸前，牠會發出一種悲哀的鳴叫，所以民間有時候把牠看做災禍的象徵。」

他合上書，靠在窗前，跟我看到怪物時的姿勢一樣。

「啊，牠在那兒！」朋友驚叫道，「牠正沿著山坡往上爬，我不得不承認，牠的樣子真的很怪異。可是牠沒有你想像的那麼大、那麼遠，牠正沿著我們窗戶上的一根蜘蛛絲往上爬呢。」

𝒞ℬ *9.21*　為什麼顯微鏡會放大？

常常可以聽到這樣的回答：「因為顯微鏡能像物理教科書中所說的那樣，按照一定的方式改變光的路線。」這個回答雖然指出了原因，但並沒有涉及事情的本質。顯微鏡和望遠鏡能夠放大的根本原因到底在哪裡呢？

這個原因，我不是從教科書中了解到的，而是當我還是一個小學生的時候，有一次偶然地發現了一個有趣現象而明白的。我坐在關著的玻璃窗旁邊，看著對面小巷子的一棟房屋的牆，突然我驚恐地躲開了 —— 磚牆上有一隻好幾公尺寬的人眼正看著我……，那時候我還沒有讀過愛倫・坡的那個故事，所以還不明白，這隻巨大的眼睛是我自己的眼睛在玻璃窗上的影像，我把這個像看做是在很遠的牆上，因此就覺得它非常大。

猜出了是怎麼回事之後，我就開始琢磨，是否能利用視覺的這種錯覺來製造顯微鏡。後來實驗失敗了，我才明白顯微鏡可以放大的本質並不在於它能使被觀察的物體看起來尺寸大，而是使我們能夠在比較大的視角裡看物體，這一點是最重要的，因為那使得物體的像能在我們眼睛的視網膜上能夠占據比較大的位置。

為了明白為什麼視角在這裡的作用如此重要，我們應該首先來說明一下我們眼睛的一個重要特點：每個物體或者是它的一部分，如果我們是在小於 1 分的視角裡看它，那對正常的眼睛而言，就會聚成一點，使我們既看不清它的形狀，也分不清它的各個部分。當物體離我們太遠或者物體太小，以至於整個物體的全部或者一部分在我們眼裡的視角小於 1 分的時候，我們就無法分辨出它結構上的任何細節了；這是因為，在如此小的視角裡，物體或者物體的任何部分在視網膜上的成像，不能同時和許多神經末梢接觸，而只能落在一

個感覺細胞上，所以我們就只看到一個點，物體的形狀和構造的細節都消失了。

顯微鏡和望遠鏡的作用在於，它們能夠改變物體發出的光的路線，能將它們在比較大的視角下展示給我們，因此物體的像在視網膜上就可以接觸到更多的神經末梢，我們就能分辨出物體的細節了。「顯微鏡或者望遠鏡能夠放大 100 倍」── 這句話的意思是，我們通過儀器看到的物體的視角，是用肉眼觀察時候的 100 倍；如果光學儀器不能放大視角，那麼它就不能將物體放大，即便我們說看到的是放大了的物體。磚牆上的眼睛在我看來是很大的，但是我不能在這個像上看到在鏡子裡那樣多的細節；我們覺得地平線附近的月亮比半空中的要大得多，但是在這個看起來更大的月面上，我們能分辨出更多的細節嗎？

如果返回到愛倫·坡描寫的「天蛾」，我們就可以確信，在這個放大了的天蛾的像裡，也看不出任何細節。無論是把天蛾放到很遠的樹林裡，還是放到近處的窗台上，我們看它

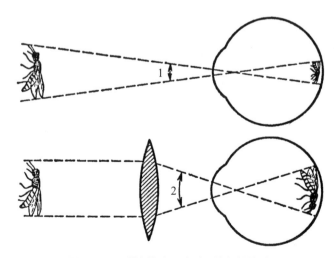

圖 126　透鏡放大了視網膜上的物像

的視角都是不變的，既然視角是相同的，那麼無論這個像多麼大，也不能讓我們從中分辨出細節來。作爲一個眞正的作家，愛倫・坡甚至在寫故事的時候也是忠實於大自然的，大家是否注意到他是如何描寫森林中怪物的 —— 他列舉的天蛾那些肢體，都是我們用肉眼觀察的時候能看見的東西。至於肉眼分辨不出來的東西，他一次也沒有提到，不論是「有金屬光澤的小鱗片（金屬片）」，還是「兩隻筆直的大角（觸鬚）」，抑或是「野豬般的長牙（長著柔毛的觸角）」，都是我們用肉眼可見的東西。

　　如果顯微鏡的作用只是上述的放大，那麼它就只能是一種有趣的玩具，對科學是沒有用的；但我們知道，事實並非如此，顯微鏡給我們打開了一個我們肉眼視覺之外的世界：

　　儘管自然界賦予了我們敏銳的目光，

　　但它的力量還有一個限制，

　　不知有多少微小的生物，

　　近在眼前我們卻看不見！

以上是俄羅斯科學家萊蒙諾索夫在《談玻璃的用處》中寫道。在「我們的時代」，顯微鏡向我們展示了一個微小的、肉眼看不見的生物世界：

　　牠們維持生命的肢體，

　　關節、心臟、血管以及神經是多麼細小！

　　小蠕蟲構造的複雜程度

並不比大海裡的巨鯨差多少……。

顯微鏡裡能看見的微粒和身體裡的細小血管，

真是沒完沒了！

　　現在我們明白了，爲什麼愛倫‧坡故事裡那些觀察者無法在怪物身上看到的「祕密」，在顯微鏡裡卻能看到。總結上述內容，我們可以知道，顯微鏡不僅可以放大我們觀察的物體，還將它們在一個比較大的視角裡展示給我們。因此，我們眼睛的視網膜上就會出現物體放大了的像，這種像會作用在眾多的神經末梢上，使我們感官接收到單獨的視覺印象增多。簡單來講，顯微鏡放大的不是物體，而是物體在我們視網膜上的成像。

○8 9.22　視覺的自我欺騙

　　我們經常會談到「視覺欺騙」、「聽覺欺騙」，但這些表達是不正確的，其實並沒有感覺的欺騙。關於這個問題，哲學家康得是這麼說的：「感覺不會欺騙我們，並不是因爲它們總是能正確地判斷，而是因爲它們根本就不會判斷。」

　　那麼在所謂的「感覺欺騙」中，是什麼欺騙了我們呢？當然，在這種情況下，做判斷的是我們的大腦。實際上，大部分的視覺欺騙並不取決於我們看見的東西，而是因爲我們在無意識地進行判斷，並且不自覺地將自己引入迷途。這是判斷上的錯誤，不是感覺錯誤。

　　兩千多年前的詩人盧克萊修曾寫道：

我們的眼珠也不認識實在的本性。

所以請別把這心靈的過失歸之於眼睛。

　　我們舉一個大家都熟知的光學錯覺的例子：圖 127 中，左邊的圖形看起來比右邊的窄一些，雖然它們都位於同樣大小的正方形中。原因就在於，在估計左圖高度的時候，我們將各個空格加了起來，這樣這個高度就比同樣的寬度看起來要大一些；相反，同樣是因為不自覺的判斷，我們會覺得右圖的寬度比高度大一些。同樣，我們也會覺得圖 128 中的高度比寬度大一些。

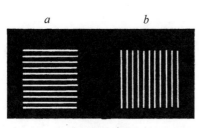

圖 127　哪一個圖更寬 —— 左圖
　　　　還是右圖？

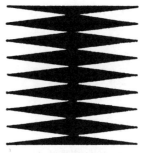

圖 128　這個圖形的寬度
　　　　和高度哪一個
　　　　比較大？

ぴ *9.23* 對裁縫有益的錯覺

如果大家想把剛才所講的視覺欺騙應用到一些很大的、不能一眼看完的物體上，那麼我們又會得到另外的感覺。大家知道，矮胖的人如果穿一身有橫條紋的西裝，看上去不僅不會顯瘦，而且顯得更胖；相反，如果穿一身有直條紋和褶皺的衣服，就會顯得瘦一些了。

這個矛盾應當來如何解釋呢？原因就在於，我們在觀察衣服的時候，不移動視線就不能一眼看完。我們的眼睛會不自覺地在橫條紋間遊走，眼睛裡的肌肉用力的話，會使我們在不知不覺中把物體在條紋的方向上擴大。我們習慣於把視野裡容納不下的大物體的概念和眼睛的肌肉用力聯繫在一起；但是我們在看小的條紋圖案的時候，眼睛可以停在原處不動，眼睛的肌肉也不會疲勞。

ぴ *9.24* 哪個更大？

圖 129 中的哪一個橢圓更大 —— 下面的那個，還是上面內部的那個？雖然它們是一樣大的，但是由於上面那個橢圓外面還有一個橢圓，所以就形成一種錯覺，認為上面那個橢圓形比下面那一個小一些。

錯覺被加強還有一個原因：整個圖形在我們看來不是平面的而是變成立體的桶狀，這樣我們會不由自主地把橢圓形看成是圓形，兩端的兩條直線會被我們看成是桶壁。

圖 130 中，a 和 b 之間的距離看起來比 m 和 n 之間的距離要大。中間從頂點延伸出來的第三條直線的存在，加強了這種錯覺。

圖 129　哪一個橢圓大一些 —— 下面
那個，還是上面內部的那個？

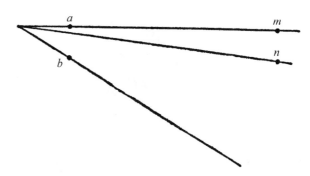

圖 130　哪一段距離大一些，是 *a* 和 *b* 還是 *m* 和 *n*？

∞ 9.25　想像的力量

　　可見，很多視錯覺都是由於我們不僅在看，還不知不覺地在進行判斷。生理學家說：「我們不是用眼睛在看，而是用腦子在看。」如果熟悉這樣一些幻象，它們是你有意識地把想像力參與到視覺過程中產生的，那麼，你就會同意上述觀點了。

　　我們來看圖 131，如果你將這幅圖給其他人看，他們會給出三個答案。有的人說這是樓梯，有的人說這是從牆壁上挖出來的壁龕，有人會認為這是一條折成手風琴褶皺狀的紙條，而且這紙條是放在一張白色的方形紙上。

　　奇怪的是，這三個答案都是對的！如果從不同的方向來看，大家也能看出上述三種東西來。

　　在看這幅圖的時候，首先將視線定格在圖的左邊部分 —— 這時看到的是一個樓梯；如

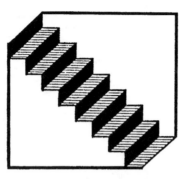

圖 131　你在圖中看到了什麼
　　　──是樓梯還是凹入
的壁龕，抑或是一條折
成手風琴狀的紙條？

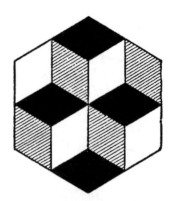

圖 132　這些立方體是如何排
列的？是上面有兩個
立方體，還是下面有
兩個立方體？

果眼光沿著圖形從右往左看，就會看到一個壁龕；如果目光沿著對角線從右下角向左上角斜著看過去，就會看到這是一條手風琴狀的紙條。

同時，如果久盯著圖形看的話，我們的注意力就會疲勞，這時候看到的一會是這個圖形，一會是那個圖形，一會又是第三個，這時已經不以意志為轉移了。圖 132 也具有同樣的特徵。

圖 133 也是一個有趣的視錯覺圖：我們會在不知不覺中認為，$\overline{AB}$ 比 $\overline{AC}$ 短一些，但事實上它們是相等的。

圖 133　哪一段比較長？$\overline{AB}$ 還是 $\overline{AC}$ ？

∽ 9.26　再談視錯覺

　　我們並不能解釋所有的視錯覺。我們常常都猜不透，究竟是哪一種推理在我們的腦子裡不自覺地進行著，以致我們產生這樣或那樣的錯覺。在圖 134 中，可以清楚地看到兩條相對凸出的弧線，但是只要用直尺量一下，或者把這張圖舉到眼睛的位置，就會發現，這兩條線都是直的，要解釋這個錯覺並不是件容易的事情。

　　我們再來討論幾種同樣的錯覺的例子：圖 135 中的直線像是被分成了不相等的幾個線段，但是量一下就知道，這些線段都是相等的；圖 136 和圖 137 中的平行直線看上去像是

圖 134　圖的中央，有兩條從左到右的平行直線，但是看上去卻像是兩條相對著凸出的弧線，在下列
　　　　情況下這個錯覺會消失：把圖形舉到眼睛一樣高的位置，然後順著線條看過去；或是把鉛筆
　　　　的一端放在圖上的任何一點，盯著這一點看

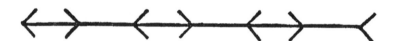

圖 135　這條直線上的六個部分都是相等的嗎？

不平行的；圖 138 中的圓好像是一個橢圓。有趣的是，當我們把圖 134、圖 136 和圖 137 放到電火花的光下來看，這些錯覺就不存在了。顯然，這些錯覺和眼睛的運動有關 —— 在電火花短暫的亮光下，眼睛還來不及移動。

　　還有一個同樣有趣的錯覺，請看圖 139，回答：哪一些短橫線比較長 —— 是左邊的還是右邊的？左邊的似乎要長一些，儘管實際上是等長的[8]，這個錯覺叫做「菸斗」錯覺。

8　順便說一下，這個圖是幾何學上著名的卡瓦列里定律圖解 ——「菸斗」的兩部分所占的面積是相等的。

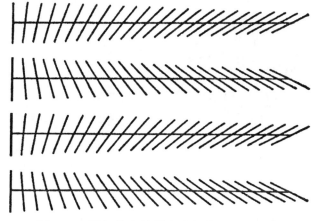

圖 136　平行的直線看上去好像是不平行的

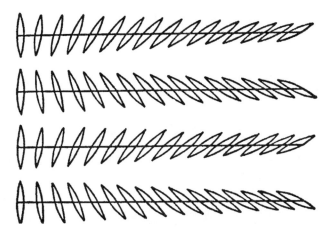

圖 137　錯覺（圖 136 的另一種形式）

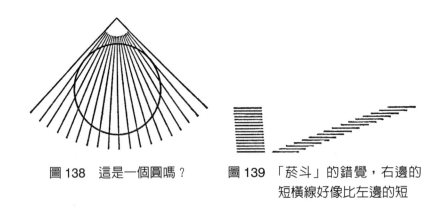

圖 138　這是一個圓嗎？　　圖 139　「菸斗」的錯覺，右邊的
　　　　　　　　　　　　　　　　　短橫線好像比左邊的短

就這些錯覺現象，人們提出了很多解釋，但是都難以使人信服，所以我們不再贅述。但有一點是毫無疑問的：這些錯覺的原因都隱藏在無意識的判斷裡，人腦常常會不知不覺地「賣弄聰明」，結果使我們就看不到真實的實際情況。

🙰 9.27　這是什麼？

觀察圖 140，大家未必能馬上猜出畫的是什麼 ——「不過是些黑點做成的網格。」但如果把書豎在桌子上，後退三、四步來看，就會看見一隻人眼。走近之後，出現在你面前的又是一個什麼也沒有的網格……。

你當然會想，這是某位天才雕塑家的什麼把戲。不，這不過是一個視錯覺的粗淺例子，我們每次看銅版畫的時候都會上當的例子。書籍和雜誌中的圖形背景給我們的印象總是連成一片的，但如果用放大鏡來觀察，就會出現圖 140 中的網格。這不過是一張放大了

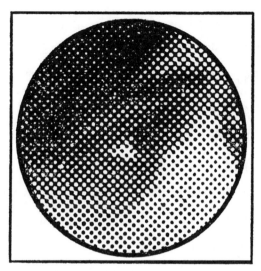

圖 140 從遠處看這個網格，很容易可以
看出是一個臉朝右的女子的臉部
側面像，上面有一隻眼睛和鼻子
的一部分

10 倍的普通銅版畫的一部分，區別就在於，書籍雜誌上圖形的格子小，近距離看的時候，已經是密密麻麻的一團了；此處的格子大，所以需要站得比較遠才能得到同樣的印象。

❥ 9.28 不一樣的車輪

你有沒有透過柵欄的縫隙或者是在銀幕上見到過飛馳的火車或汽車的輪輻？或許，你見到過這樣一種奇怪的現象：汽車在飛奔，但輪子只是慢慢地轉，或者根本沒有轉動，它

們有時甚至還是朝相反的方向轉！

這種視錯覺是如此不同尋常，所以第一次見到的人都會迷惑不解。

我們是這樣來解釋的：透過柵欄的縫隙看車輪運動的時候，我們看到的不是連續的輪輻，而是隔一段時間才看到它們，因爲柵欄的木板會隔斷我們的視線。電影中的車輪給人的印象也不是連續的，而是隔一定時間的（每秒 24 張畫面）。

這裡有三種可能的情況，我們一個個地講。

第一種情況：在視線被擋住的時間裡，車輪來不及完成整數的轉數——至於這個整數是多少並不重要，可以是 2，可以是 20，只要是整數就可以。這時候車輪的輻條在畫面上的位置與它們在前一張畫面上的位置是一樣的。在下一個時間間隔中，車輪又完成了整數的轉數（時間間隔和汽車速度不變），因此輪輻的位置還是一樣的。我們會看到輪輻始終都在同一位置，因此就會下結論說車輪根本就沒有動（圖 141 中間的一排）。

第二種情況：車輪在每一個時間段轉的圈數不但來得及轉過整數的圈數，還能多轉小半圈，也就是一圈的一部分。觀察這種變化的畫面的時候，我們不會想到整數的圈數，我們就只看到車輪在慢慢地轉（每次都是一圈的一部分），結果我們就會覺得，雖然汽車在奔馳，但是車輪轉得很慢。

第三種情況：在兩次攝影的時間間隔中，車輪來不及轉一整圈（比如只轉了 315°，圖 141 第三排）。這樣的話，任何一條輪輻看起來都好像是在往相反的方向運轉，這種印象會一直持續到車輪改變它的旋轉速度爲止。

還需要對我們的解釋做一些補充：在第一種情況中，爲簡單起見，我們只說了車輪轉的圈數是整數，但車輪上的每根輻條都是相同的，所以只要讓車輪轉整數的輪輻間隙數就

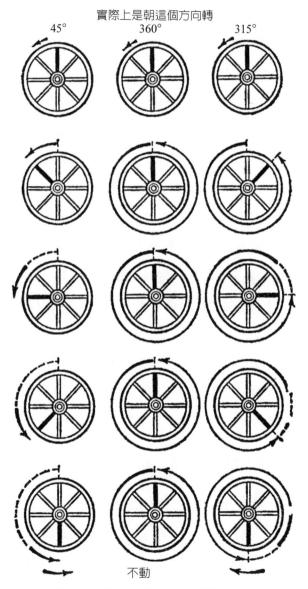

圖 141　影片中車輪奇怪運動的原因

可以了，這一點在其他兩種情況下也是適用的。

如果在輪緣上做記號，並且所有的輪輻都是一個樣子的，那麼有時候我們就會看見輪緣朝一個方向轉，輪輻往另一個方向轉；如果在輪輻上做記號，那麼這些輪輻可能朝著跟記號轉的相反方向運動，這些記號似乎會從一個輪輻跳到另一個輪輻上去。

如果電影展示的是普通的場景，這種幻覺對人們的視覺還不會產生很大的影響，但是如果需要在銀幕上解釋某一種機件的作用，這個錯覺就會產生嚴重的誤解，甚至會讓人產生完全相反的認識。

細心的觀眾在銀幕上看到飛馳的汽車車輪好像靜止不動的時候，如果數一下輪輻的個數，很容易就能判斷出車輪每秒鐘大約轉多少圈。影片的放映速度，一般都是每秒鐘 24 張畫面，如果車輪有 12 條輪輻，那麼車輪每秒鐘旋轉的圈數應該等於 $24 \div 12 = 2$；或者在 0.5 秒的時間內轉一整圈，這只是最少的轉數，也可以是這個數目的整數倍。

估算出車輪的直徑，就可以算出汽車的速度。比如說，汽車的輪子直徑是 80 公分，那麼在上述情況下的速度就大約是每小時 18 公里，或者 36 公里、54 公里等。

技術上會利用這種錯覺來計算速度很快的軸的轉數，我們現在來講講這種方法的原理。交流電電燈的光是不穩定的，每 $\frac{1}{100}$ 秒就會變弱，在通常情況下我們是感覺不到燈光在閃爍的。但是，假設我們用這種光照射圖 142 中的轉盤，如果轉盤在 $\frac{1}{100}$ 秒的時間內轉 $\frac{1}{4}$ 圈，那麼就會看到一種意外的情況：我們看到的

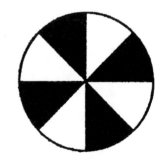

圖 142　計算發動機旋轉速度的轉盤

不是通常情況下均勻的灰色圓盤，而是黑色扇形和白色扇形相間的圖形，轉盤好像是不動的。

　　這種現象的原因，我希望讀者在看了汽車輪子的錯覺之後能明白。利用這種現象來計算旋轉軸的轉數，也是很容易的。

❦ 9.29　技術上的「時間顯微鏡」

　　我們之前講過一種利用電影的「時間放大鏡」。我們在這裡討論另一種能取得同樣效果的方法，這是根據上一節的現象來講的。

　　我們已經知道，當黑白扇形相間的轉盤每秒鐘轉 25 圈的時候，如果用每秒鐘閃爍 100 次的電燈照射的話，我們會覺得轉盤靜止不動；但假設燈光每秒鐘閃爍的次數是 101 次，那麼在最後兩次燈光閃爍的時間間隔裡，轉盤就不會和以前一樣轉 $\frac{1}{4}$ 圈了，也就是說，黑白扇形來不及回到原來的位置。

　　我們的眼睛看到的是已經落後了圓周 $\frac{1}{100}$ 的扇形，在下一次燈光閃爍的時候，看到的扇形又落後了另一個 $\frac{1}{100}$，以此類推。

　　我們就會覺得，這個轉盤是在向後轉，每秒鐘轉一圈，運動好像只有原來實際的 $\frac{1}{25}$。

　　不難想像，應該如何才能看到這個緩慢下來的運動，不過不是反方向的運動，而是正常方向的運動。為此，需要減少燈光閃爍的次數，而不是增加，比如說，在每秒鐘閃爍 99

次的燈光裡，看到的圓盤就是每秒鐘向前運動一圈的。

我們有一個將速度減少的「時間顯微鏡」，但還可以得到更慢的運動。比如說，如果燈光每 10 秒鐘閃爍 999 次（也就是每秒鐘閃爍 99.9 次），那麼圓盤給我們的感覺就是每 10 秒鐘轉一圈，也就說它的速度是原來的 $\frac{1}{250}$。

使用上述方法，可以將任何一種迅速的週期運動減慢到我們眼睛希望的程度，這使得我們可以方便地去研究極快的機件運動 —— 用時間顯微鏡將速度減少到原來的 $\frac{1}{100}$、$\frac{1}{1000}$ [9]。

最後我們來介紹一種測定槍彈飛行速度的方法，這種方法也是根據轉盤的旋轉數可以精確地測定這個原理想出來的。用硬紙做一個圓盤，盤上畫上黑白扇形，邊緣折轉，這時候的圓盤就像是一個打開的圓筒形盒子。將圓盤安裝在一個快速轉動的軸上（圖 143）。開槍的人對著這個圓筒形盒子開槍，在盒子的邊緣打兩個洞。如果盒子是不動的，這兩個洞就會落在一條直徑的兩端，如果這個盒子是旋轉的，在槍彈到達盒子的時間裡，盒子還會轉動一段距離，因此槍彈射出的洞在盒子上的位置就不會是 b 點，而是 c 點。我們已知盒子的轉數和直徑，可以根據 bc 弧的大小計算槍彈飛行的速度，這是一道並不複雜的幾何學問題，對數學有些研究的人，都可以不費勁地算出來。

---

9 已經有一種根據本節原理製成的實用儀器 —— 頻閃觀測器，可以用來測定各種快速變化過程的頻率。這種儀器很精確，例如電子頻閃觀測器可以精確到 0.001%。

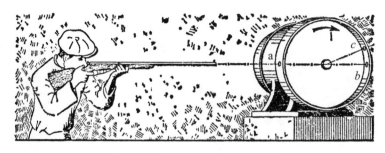

圖 143　測量槍彈的飛行速度

⅏ 9.30　尼普科夫圓盤

　　視覺欺騙在力學上最出名的應用是所謂的「尼普科夫圓盤」，這種裝置最早是應用在電視裝置上。圖 144 中有一個厚實的圓盤，圓盤的邊緣有 12 個直徑都是 2 毫米的小孔，這些小孔都是均勻地沿著一條螺旋線排列的，每一個小孔都比臨近的那一個小孔距離中心近一個小孔直徑。

　　這樣的一個圓盤並不是沒有什麼特別之處，將它安裝在一個軸上，在它前面安裝一個小窗，並在它的後面放一張同樣大小的畫（圖 145）。現在如果快速轉動圓盤，就會看到一種出人意料的現象：那張在不轉動的圓盤背後的畫，在圓盤轉動的時候可以從小窗戶看得清清楚楚；讓圓盤的速度慢下來，那張畫就會模糊起來；最後，圓盤停止轉動的時候，就看不見這張畫了，這時候只能看到透過那 2 毫米小孔看到的東西。

　　我們來分析這種現象的奧秘。我們慢慢轉動圓盤，透過小窗仔細觀察每一個小孔經過

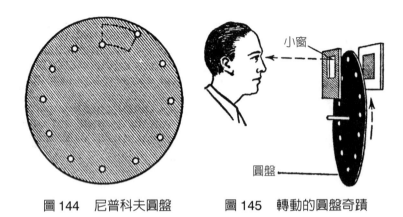

圖 144　尼普科夫圓盤　　　圖 145　轉動的圓盤奇蹟

小窗的情況。距離中心最遠的那個小孔的路線距離小窗上部邊緣最近，如果這個運動非常快，這個小孔就能讓我們看到畫面上最接近上部邊緣的整條畫面；第二個小孔比第一個小孔低一些，它迅速通過小窗的時候，我們能看到和第一條畫面連接的第二條畫面（圖 146）；以此類推，圓盤如果轉得足夠快，我們就能看到整幅畫，小窗後面就像是有一個畫面那樣大小的洞。

　　自己動手做尼普科夫圓盤並不難。為了使這個圓盤轉得快點，可以在軸上繫一根繩子，不過最好的當然是使用小型電動機。

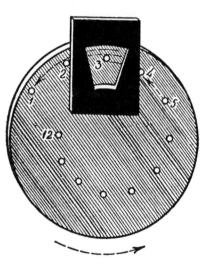

圖 146　尼普科夫圓盤的原理

∝ *9.31*　兔子為什麼斜著眼睛看東西？

　　人是少數能夠同時用兩隻眼睛看東西的生物之一 —— 人的右眼和左眼的視野基本上是重合的。

　　大多數動物都是用一隻眼睛看東西的，它們看到的東西，在輪廓上跟我們看到的差不多，但是牠們的視野比我們的開闊很多。圖 147 描述的是人眼的視野：每一隻眼睛在水平方向上能夠看到的最大角度是 120°，兩隻眼睛的視角差不多是重合的（眼睛不動的時候）。

　　將這個圖和圖 148 比較，後一幅圖畫的是兔子的視野，即便不轉頭，兔子那兩隻距離比較遠的眼睛，不僅能夠看到前方的東西，還能看到後面的事物。現在我們明白了，爲什麼很難偷偷地走近兔子，但是可以從圖上看到，兔子卻看不到牠鼻子前面的東西；爲了看到這十分近的東西，牠不得不側過頭。

　　所有有蹄類和反芻類動物都具有這種「全方位」的視力。圖 149 畫的是馬的視野範圍：兩隻眼睛的視野在後面雖不相交，但要看到位於身後的物體，馬只需要輕輕轉一下頭就可

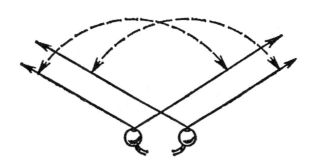

圖 147　人的兩隻眼睛的視野

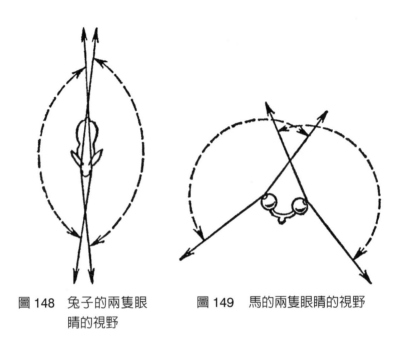

圖 148　兔子的兩隻眼　　圖 149　馬的兩隻眼睛的視野
　　　　睛的視野

以了。當然，這些視覺形象不是那麼清楚，但是在牠周圍的最微小的動作都逃不過牠的眼睛。那些行動敏捷，依靠襲擊別的動物來維持生活的肉食動物，就沒有這種「全方位」視力，但牠們具有兩隻眼睛集中看東西的視覺，可以讓其準確地測量需要跳躍的距離。

❀ 9.32　為什麼黑暗中的貓是灰色的？

　　物理學家可能會說：「黑暗中的貓都是黑色的，因為沒有光照的情況下，任何東西都看不見。」但是這句諺語中的黑暗，並不是指絕對的黑暗，而是指光線微弱。這個諺語最

直接的意思是說，在光照不足的時候，我們眼睛就分不清色彩 —— 所有的表面看上去都是灰色的。

這可信嗎？是不是在昏暗的地方紅旗和綠葉都是灰色的呢？這個說法的正確性是很容易驗證的。在黃昏的時候看物體顏色，就會發現，這時候的顏色差別消失了，一切物體都會呈現出深灰的顏色：紅色的被子、藍色的牆紙、紫色的花朵、綠色的樹葉，無一例外。

契訶夫在他的作品《信》裡寫道：「放下窗簾以後，太陽光就射不進來，像是已經黃昏了，大花束裡的所有玫瑰花，好像也變成了同一種顏色。」

精確的物理實驗證明契訶夫的這一觀察是完全符合事實的。如果用很弱的光線照射在塗了顏色的物體表面，然後慢慢加強光照強度，眼睛最開始就只能看到灰色，看不到任何顏色區別；如果光照加強到一定的程度，眼睛就開始能分辨出表面的顏色，這種照明程度叫做「色感覺的下閾」。

因此，上面這句諺語的字面意思也是完全正確的，在比色感覺閾更低的時候，物體看上去都是灰色的。

還存在色感覺上閾：照明太強的時候，眼睛也會分不清楚顏色，所有的表面都呈現白色。

第 10 章

聲音、波動

Physics

❧ *10.1* 聲音和波動

聲音傳播的速度比光慢幾百萬倍。由於無線電波傳播的速度和光波一樣，因此，聲音也比無線電波的傳播慢幾百萬倍。由此可以得出一個有趣的結論，這個結論的實質可以用這樣一道習題來解釋：是坐在音樂廳裡、距離鋼琴 10 公尺的觀眾，還是距離音樂廳 100 公里之外的用無線電收聽音樂的聽眾先聽到樂音？

不論多麼奇怪，無線電聽眾雖然比音樂廳裡的聽眾離鋼琴的距離大了 10000 倍，但是卻可以先聽到樂音，這是因為，無線電波傳送 100 公里的距離，需要的時間是：

$$\frac{100}{300000} = \frac{1}{3000} \text{ 秒}$$

而聲音傳播 10 公尺需要的時間是：

$$\frac{10}{340} = \frac{1}{34} \text{ 秒}$$

由此可見，無線電傳播聲音的時間，大約是空氣傳播聲音時間的 $\frac{1}{100}$。

❧ *10.2* 聲音與子彈

儒勒・凡爾納的乘客們坐著炮彈飛向月球的時候，因為沒有聽到大炮發射炮彈的聲音而覺得莫名其妙。不過這種情況是再正常不過的，不論發炮的聲音多麼大，它傳播的速度（任何聲音在空氣中的傳播皆如此）都只有每秒鐘 340 公尺，而炮彈的速度是每秒鐘 1100

公尺，顯然，發炮的聲音是不可能傳到這幾位乘客的耳朵的 —— 炮彈的速度超過了聲音的速度[1]。

那現實中炮彈或子彈的情況如何呢？它們比聲音的速度快，還是聲音比它們快，可以提醒人們躲開射擊呢？

現代步槍發射子彈的時候，子彈獲得的速度差不多是空氣中聲音傳播速度的 3 倍 —— 差不多每秒鐘 900 公尺（聲音在 0℃的時候速度是每秒鐘 332 公尺）。當然，聲音傳播的速度是平穩不變的，子彈飛行的速度會逐漸變慢，但是在子彈飛行的大部分時間裡，都比聲音的傳播速度快。由此可見，如果在開槍的時候，你聽到了槍聲或子彈的響聲，那麼你就不必慌張了 —— 子彈已經飛過去了。子彈總是在槍聲之前的，所以如果子彈打中了人，這個人會在槍聲達到他的耳朵之前被打中。

✂ *10.3* 假爆炸

飛行的物體和它發出的聲音在速度上的比較，有時候會使我們不知不覺中得出錯誤的結論，這些結論常常和現象完全不吻合。

高高地飛過我們頭頂的流星或者炮彈就是有趣的例子。流星從宇宙穿進我們地球大氣層的時候，具有很大的速度，這個速度即便是因大氣的阻力而減小了，還是比聲音的速度快幾十倍。

1　現代許多飛機的速度都比聲音的傳播速度快。

　　穿過空氣的時候，流星通常會發出雷鳴般的聲音。假設我們位於圖 150 的 C 點，有一顆流星沿著我們頭頂的 $\overline{AB}$ 線飛過，流星在 A 點發出的聲音，在它到達 B 點的時候，才到達我們的耳朵（C 點）。由於流星的速度比聲音快很多，因此在 D 點發出的聲音，會在 A 點的聲音之前到達我們的耳朵，所以我們能夠先聽到 D 點的聲音，然後才是 A 點的聲音。由於從 B 點傳來的聲音同樣會在 D 點的聲音之後到達我們的耳朵，所以我們頭頂上應該還會有某個點 K，流星在這一點發出的聲音會最先到達我們的耳朵。對數學感興趣的人，在知道流星和聲音之間速度關係的情況下，可以計算出這些點的位置。

　　這就會產生這樣的結果：我們聽到的和我們看到的不一樣。我們眼睛看到的是流星首先在 A 點，然後沿著 $\overline{AB}$ 線飛行；但對我們的耳朵來講，最先出現的是頭頂某個 K 點的聲

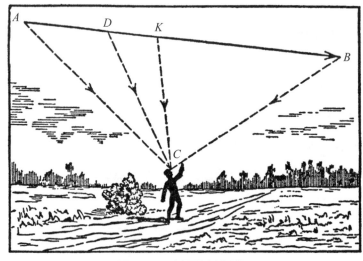

圖 150　流星的假爆炸

音，然後會同時聽見兩個來自相反方向的聲音——從 K 到 A 和從 K 到 B。換句話說，我們似乎聽到流星已經爆炸成了兩部分，這兩部分往兩個方向飛去，實際上並沒有發生任何爆炸。或許，很多說親眼見到過流星爆炸的人，都是受了聲音的錯覺的影響。

෬ 10.4　如果聲音的速度變小了

如果聲音在空氣中的傳播速度不是每秒鐘 340 公尺，而是更慢，那麼我們會更常感到聲音的錯覺現象。

假設，聲音的速度是每秒鐘 340 毫米，也就是說，比人步行的速度還慢，這時候你坐在椅子上聽朋友講故事，你的朋友習慣於在室內踱來踱去地講故事。在通常情況下，他踱步的聲音不會影響你的聽覺；但是如果聲音的速度變小了，你就什麼也聽不見了——他先說出的那些話，會和後說的話混合在一起，你就只能聽見一片雜音，什麼內容都聽不出來。

同時，當你的朋友向你走來的時候，他說話的聲音會以相反的順序到達你的耳朵：先是剛剛說出的話，然後是早一些的話，然後是更早說出的話，以此類推，因為說話的人走的比自己的聲音快，並且總是走在聲音的前面。

෬ 10.5　最慢的談話

如果你認為聲音在空氣中的真正速度總是足夠的話，那接下來你馬上就會改變自己的看法。

　　假設，莫斯科和聖彼德堡之間沒有電話，而是從前那種在大商店裡連接各個房間的傳話筒，或者是在輪船上為了在機器間通話使用的傳話筒。你站在線路的這一頭（聖彼德堡），你的朋友在那一頭（莫斯科），你問他一句話，等待回答。5 分鐘、10 分鐘、15 分鐘過去了 —— 還是沒有聽到回音，這時候你就會擔憂，是不是同伴出了什麼問題。但是這種擔心是多餘的，其實問題在於聲音還沒有到達莫斯科呢！還在半路上，再過 15 分鐘，莫斯科的朋友才能聽見問題，並且回答。但是他的回答從莫斯科傳到聖彼德堡，還需要那麼長時間，所以，你在提出問題的 1 小時之後才能聽到問題的答案。

　　這個結論可以透過計算來檢驗：莫斯科到聖彼德堡的距離是 650 公里，聲音每秒鐘的速度是 $\frac{1}{3}$ 公里；這就是說，聲音傳播這個距離需要 1950 秒，也就是差不多 33 分鐘。這種情況下，哪怕是從早到晚花費一天的時間，你們也只能交流幾句話而已 [2]。

∞ 10.6　最快的方式

　　有這麼一段時間，即便是用上述方法就已經是傳播消息的最快途徑了。很多年前，誰都沒有想過會有電報和電話之類的東西，在幾個小時的時間裡就可以向 650 公里的距離傳播消息已經是很理想的速度了。

　　據說，在沙皇保羅一世加冕的時候，關於在莫斯科加冕開始時間的消息，是透過以下

2　作者在這裡略去了聲音的振動隨著距離而衰減這一點，所以，在這樣的線路兩端的兩個人，是什麼也聽不見的。

方式從莫斯科傳到聖彼德堡的。在莫斯科到聖彼德堡的路上，每隔 200 公尺就有一個士兵，在教堂敲第一次鐘的時候，最近的那個士兵朝天開一槍；他的下一個同伴聽到槍聲之後，馬上也開一槍；然後第三個士兵也開槍 —— 信號就是這樣傳到聖彼德堡的，一共用了 3 小時的時間。這就是說，在莫斯科第一聲鐘響之後 3 小時，彼得保羅要塞的大炮才會在 650 公里之外打響。

　　如果莫斯科的鐘聲能夠直接傳到聖彼德堡，我們已經知道，這個聲音會在僅僅半小時之後達到聖彼德堡。這就是說，在傳達聲音的 3 小時時間中，有 2.5 小時是消耗在士兵辨別聲音並開槍的動作上的，儘管這些動作極小，但是累計起來就有 2.5 小時之多。

　　還有一個類似的例子是在相隔更遠的距離內傳遞光信號。沙皇統治時期的革命者在進行地下會議的保護工作時採用的就是這種方法：革命者的眼線從會議地點一直延伸到警察局，第一聲警報響起之後，隱蔽的一個個「小電燈」就會把聲音相繼傳到會議地點。

✑ *10.7*　擊鼓傳「電報」

　　在非洲、中美洲以及波利尼西亞群島的土著中，今天依然在利用聲音信號傳播資訊。這些原始部落使用的是一種特殊的鼓，利用這種鼓可以將聲音傳播到很遠的距離之外：一個地方收到信號之後，就會向另一個地方傳遞，資訊就這樣傳播下去，在極短的時間內，散居的居民就能知道某些重要的事情了（圖 151）。

　　義大利和阿比尼西亞（今天的衣索比亞）的第一次戰爭期間，意大利軍隊的每一次調動都被梅內里的黑人們知曉，從而可以有意識地將意大利軍隊引入困境，但是不知情的義

圖 151　原始部落的居民用擊鼓的方式傳「電報」

大利指揮部，竟然不知道對手的這種「擊鼓傳『電報』」方式的存在。第二次意阿戰爭的時候，也是同樣的方式，從阿比尼西亞的首都發出的動員令幾個小時就傳遍了散布在全國各地的部落。

英國人與布林人的戰爭期間也出現過類似的情況，依靠這種「電報」，所有的戰況資訊只需要幾個晝夜就在居民中迅速傳播開來。

據一些旅行者說，這種聲音信號傳播方式是由一些非洲部落發明的，這種方式是如此完美，比歐洲人的電報還好，因此，電報的發明者應當是非洲人。

奈及利亞內陸的伊巴丹一座叫布里頓的博物館有一位考古學家，也曾做過相關的記

錄。他描述了當時日夜鳴響的隆隆鼓聲的狀況，有一天早上，他聽到一些黑人在熱烈地討論問題，一位軍官這樣回答他的疑問：「白人的一般巨大戰艦沉沒了，死了很多白人。」這就是從海邊用「鼓的語言」傳來的消息。

這位學者沒有賦予這種傳言任何意義，但三天之後，他收到了一封遲到的電報，是關於船隻沉沒的，這個時候他才明白，這些黑人的消息是正確的。令人吃驚的是，這些部落之間的語言是完全不同的，有的部落之間還在彼此進行戰爭。

✿ *10.8* 　聲雲和空氣回聲

聲音不但可以從堅固的屏障上反射回來，還能從像雲那樣柔軟的物體上反射，另外，甚至是透明的空氣在一定條件下也能反射聲波 —— 是指這部分空氣傳聲的能力與其他空氣不同的時候。這時候產生的現象，和光學上所謂的「全反射」類似，聲音經由看不見的屏障反射回來，我們就會聽到一個不知道來自何處的奇怪回聲。

這個有趣的事實是丁鐸爾有一次在海邊做聲音信號實驗的時候發現的，他寫道：「從完全透明的空氣中傳來一個回聲，這個回聲如魔法般從看不見的聲雲傳導過來。」

這位著名的英國物理學家所謂的聲雲，是指透明的空氣中能使聲音發生反射的那部分空氣，這些部分產生了「來自空氣的回聲」。關於這一點，他是這麼說的：「聲雲總是飄浮在空氣中，它們和普通的雲一點關係都沒有，和霧也沒有任何聯繫，最透明的大氣中可能充滿了這種聲雲，這樣就能產生空氣的回聲。和流行的觀點不同的是，在明朗的大氣中也能產生空氣回聲，它們可能是由冷熱不同或者所含的水蒸氣數量不同的氣流引起的。」

聲音無法穿透的聲雲的存在，可以解釋某些作戰當中見到的奇怪現象。丁鐸爾從一位參加過 1871 年普法戰爭的人的回憶錄中，引述過下面一段話：

6 日的早晨和昨天的情況完全相反。昨天是刺骨的寒冷，並且還有霧，半公里之外再也看不見任何東西，而 6 日是晴朗、明亮而暖和的；昨天的空氣中彌漫著聲音，今天卻和不知道有戰爭的桃花源一樣安靜。我們驚奇地看著彼此，難道巴黎和它的堡壘、大炮和轟炸都消失了嗎？……我坐車來到蒙莫蘭希，從這裡可以看到巴黎北郊的廣闊全景，但是這裡也是死一般的安靜……，我碰到了三個士兵，我們就開始討論目前的局勢。他們已經在設想，可能是開始和平談判了，因為從早上開始就沒有聽到任何射擊聲。

我繼續走到霍涅斯。但我驚奇地發現，德軍的大炮從早上 8 點起就開始猛烈地攻擊，在南部，炮擊差不多也是這個時候開始的。但是在蒙莫蘭希，我們什麼聲音也沒有聽到！……這都是跟空氣有關係的 —— 今天的傳聲能力很弱，昨天很好。

1914～1918 年的世界大戰中，也不止一次發生過類似的情況。

∽ *10.9* 聽不見的聲音

有一些人聽不見蟋蟀的鳴叫或者蝙蝠的吱吱聲那樣尖銳的聲音，這些人不是聾子，他們的聽覺器官良好，但他們卻聽不見很高的音調。丁鐸爾認為，有的人甚至聽不見麻雀的叫聲。

　　其實，我們的耳朵遠遠不能接收發生在身邊的所有振動。如果物體每秒鐘振動的次數少於 16 次，我們就聽不見這個聲音；如果它每秒鐘振動 15000～22000 次以上，我們依然聽不見。不同的人的音調最高界限是不同的，老人的音調最高界限較低，到了每秒鐘 6000 次，因此就會發生這樣奇怪的現象：有些人能聽到刺耳的高音，有的人卻聽不見。

　　很多昆蟲（比如蚊子和蟋蟀）發出的聲音，每秒鐘的振動是 20000 次；對一些人的耳朵而言，這些聲音是存在的，對另一些人而言卻不存在。那些對刺耳的高音不敏感的人，在另一些人能聽出刺耳的噪音的地方，就能享受到絕對的安靜。丁鐸爾說，有一次跟朋友在瑞士遊玩的時候就碰到過這樣的情況：「大路兩旁的草地裡到處都是昆蟲。我聽見了這空氣中尖銳的蟲聲，但是我的朋友卻什麼也聽不見 —— 昆蟲的樂音超出了他的聽覺範圍。」

　　蝙蝠的吱吱聲比昆蟲刺耳的鳴聲低一個八度音，也就是說，蝙蝠鳴叫的時候，空氣振動的次數少一半，但是有的人也聽不見，因為這比他們音調的察覺能力最高界限還要低。

　　相反，狗卻能察覺到振動次數達到每秒 38000 次的音調，這已經是超聲振動的範圍了，巴甫洛夫實驗室曾證明過這一點。

✑ 10.10　超聲波在技術上的應用

　　今天，物理學和技術已經可以製造出振動頻率比剛才說的還要高得多的「聽不見的聲音」，超聲波的振動頻率可以達到每秒鐘 10000000000 次。

　　有一種產生超聲波的方法，利用的是石英片的一種特性，當石英片用一定的方法從石

英晶體上切割下來壓縮之後，表面會起電[3]；相反，如果使這種石英片的表面週期性帶電，那麼表面就會在電荷的作用下產生振動——我們就得到了超聲波振動。要使石英片帶電，需要使用無線電技術中的電子管振盪器，振盪器的頻率可以選擇跟石英片「固有」振動週期相合的[4]。

我們雖然聽不見超聲波，但卻可以用簡單的方法來發現它們的存在。比如說，我們把振動著的石英片浸在油缸裡，在受到超聲波作用的那一部分液體表面，就會激起高達 10 公分的波峰，同時還有小油滴可以飛濺到 40 公分高。把一根 1 公尺長的玻璃管一頭浸在油缸裡，用手抓住另一端，手會感到非常燙，甚至還會在皮膚上留下傷痕，若將這根玻璃管的一端和木頭接觸，會將木頭燒出洞來，因為超聲波的能量變成了熱能。

世界上很多人都在研究超聲波，這些振動對生物能產生強烈的影響：海草的纖維會破裂、動物的細胞會破碎、小魚和蝦類會在一、兩分鐘內被殺死、接受實驗的動物體溫會升高——比如說，老鼠的體溫會升高到 45℃。超聲波振動在醫學上也有應用：聽不見的超聲波與看不見的紫外線一起，能幫助醫生治病。

超聲波最成功的應用是在冶金方面，人們利用超聲波來探測金屬內部是否均勻，有沒有氣泡和裂縫。利用超聲波「透視」金屬的方法是：把金屬浸在油裡，使它接受超聲波的作用，金屬裡面不均勻的地方就會把超聲波漫射開去，發出一種好像是「聲音的陰影」來，

3　石英晶體的這種特性叫做壓電效應。

4　石英晶體很貴，產生的超聲波不強，常在實驗室裡被使用。一般技術上使用的通常是人造的合成物質，比如說鈦酸鋇陶瓷。

這時候光滑的油面就會出現金屬不均勻部分的輪廓，這些輪廓會很明顯，甚至可以拍攝下來。

超聲波可以「透視」1 公尺以上的厚金屬，這是 X 射線完全無法達到的。超聲波可以發現那些極小的，小到 1 毫米的不均勻部分，毫無疑問，超聲波是具有很好的發展前景。

✆ 10.11　小人國居民的聲音和格列佛的聲音

在電影《新格列佛遊記》中，那些小人們使用高音說話，這個高音和他們舌頭的大小相符合；而巨人比佳則是用低音說話的。拍攝的時候，為小人配音的是成年人，而飾演比佳的則是一個小孩子。那麼影片中的音調變化是如何實現的呢？當導演告訴我，拍攝的時候演員都是用自己的原聲說話的，我吃驚不小。音調的改變是根據聲音的物理特點來實現的。

為了將小人的聲音變高，將比佳的聲音變低，影片的導演將錄音帶的速度放慢，以此來記錄演員們說話的聲音；而在比佳說話的時候，則將錄音帶的速度加快。銀幕上用的是正常的放映速度，不難理解，由此得到的會是什麼樣的放映結果。觀眾聽到的小人們的聲音，比正常的聲音振動次數多，這樣音調就會高些；而比佳的聲音比正常的聲音振動次數少，音調就會變低。結果就是，影片中小人說話的音調比普通成人高了一個五度音程，而格列佛 —— 比佳 —— 比普通音調低五個音度。

「時間放大鏡」就被這樣巧妙地用來處理聲音。如果留聲機的速度比錄音速度（每分鐘 78 轉或者 33 轉）快或者慢，也能經常見到這樣的現象。

❀ *10.12* 為什麼一天要印兩次日報？

現在我們來解答一個題目。乍看起來，這個題目跟聲音和物理學沒有任何關係，但是我還是要請大家注意一點：它會幫助我們更好地分析以後的內容。

或許，大家在其他地方曾見到過這道題目的各種不同形式。從莫斯科到海參崴的火車每天中午開出一列；同時，每天中午從符拉迪沃斯托克到莫斯科也有一列火車開出，我們假設火車在路上的行程是十天。請問：在從符拉迪沃斯托克到莫斯科的旅途中，一共會遇到多少列火車？

通常大家都會回答是十列，但是這個回答是錯誤的：路上不僅會遇到你從符拉迪沃斯托克出發之後來自莫斯科的火車，還有一些你出發前就已經在路上的火車，因此，正確答案是二十列。

接下來。每一列從莫斯科開出的火車上都有當天出版的新報紙。如果大家對時事新聞感興趣的話，就會在火車靠站的時候購買報紙。在這十天的行程中，你會買到多少份新出的報紙呢？

現在不難回答了：二十份，因為，你遇見的每一列火車都會帶來一份新報紙，由於會遇到二十列火車，因此相應地也能買到二十份報紙。但是你的行程一共是十天，也就是說，你每天能讀到兩份報紙！

這個結論有些出人意料，要是沒有親身經歷的話，大家也許不會一下子就相信。但是請大家回想一下：從塞瓦斯托波爾到聖彼德堡的兩天火車行程中，你讀到的聖彼德堡的報紙是四期，而不是兩期，因為有兩期是你出發前已經在聖彼德堡出版的，還有兩期是在路

上的那兩天出版的。

所以，我們就可以明白，爲什麼首都的日報每天要印兩次了，這是爲那些坐火車到首都路上的旅客們準備的。

☙ 10.13 火車的汽笛聲

如果大家的聽覺敏銳的話，也許會注意到，當兩列火車相向駛來的時候，汽笛聲音調（不是聲音的大小，而是音調的高低）是如何變化的。當兩列火車慢慢開近的時候，音調會比它們彼此遠去的時候聽起來要高一些。如果列車的速度是每小時 50 公里，那麼音調高低的差別可以達到差不多一個全音程。

這是爲什麼呢？

如果大家記得，音調的高低取決於聲音每秒鐘的振動次數，就不難猜到其中的原因了。解答這道題目的時候，注意要與前面一節的內容進行對比。迎面開過來的那列火車的汽笛聲振動次數是一定的，但是你聽到的振動次數，卻取決於你坐的這列火車是迎面開過去，還是停在原地，抑或是和相遇的火車背向而行。

如同坐火車到莫斯科一樣，你每天會讀到兩期日報，在這裡，隨著你慢慢靠近聲源，你每秒鐘聽到的聲音振動次數，比它們從火車頭發出來的振動次數要多。無須再進行論證：你的耳朵接收到的振動次數越多，你直接聽到的音調就越高；當兩列火車遠去的時候，你聽到的振動次數減少，因此音調就降低了。

如果這個解釋還不能使你完全信服，那請親自觀察（當然是思考）一下汽笛聲的聲波

圖 152　汽笛聲的問題：上面的曲線表示的是靜止不動的火車發出的
聲波，下面代表運動著的火車發出的聲波

是如何傳播的。我們先來看靜止不動的火車（圖 152）。汽笛產生聲波，為簡單起見，我們只討論四個波（請看圖中上面那條波狀線）：從不動的火車傳來之後，聲音在任何時間間隔中向各個方向傳播的路程是一樣的，0 號波到達觀察者 A 和 B 的時間是一樣的，然後 1 號波，2 號波和 3 號波也同時到達這兩個人的耳朵。這兩個人在一秒鐘之內收到的是同樣的振動次數，因此兩人聽到的音調是一樣的。

　　但是如果鳴著汽笛的火車是從 *B* 開到 *A*（圖中下面一條波狀線）的，情況就不一樣了。假設在某一時刻汽笛位於 *C*，在它發出四個聲波的時間裡，已經達到 *D* 點。

　　我們現在來看看這些聲波是如何傳播的：從 *C* 發出的 0 號波，同時到達 *A'* 和 *B'* 兩位觀察者；但是在 *D* 點發出的 4 號波，就不是同時到達這兩位觀察者的，假設 *DA'* 小於 *DB'*，那麼 4 號波就會先到達 *A'*；1 號波和 2 號波也會先到達 *A'*，後到達 *B'*，但是相差的時間不會很多。結果會怎樣呢？在 *A'* 點的觀察者，接收到的聲波會比 *B'* 的多，因此前者聽到的音調會高些。同時，從圖中可以明顯看出，向 *A'* 方向傳播的聲波波長，比向 *B'* 的波長相應地要短[5]。

∞ 10.14　都卜勒現象

　　我們剛剛描述的現象是物理學家都卜勒發現的，因此這種現象就總是與這位科學家的名字聯繫在一起。不僅聲音具有這種現象，光線也有這種現象，因為光也是沿著波浪傳播的，光波頻率增多（聲波頻率增多音調變高）就會使我們的眼睛觀察到顏色的變化。

　　都卜勒定律不僅能讓天文學家們解釋，星體是在向我們靠近還是遠去，還可以使他們能夠測量星體的移動速度。

　　在這裡起作用的是出現在光譜上的一些暗線會向一旁移動的事實：仔細觀察天體光譜

5　必須指出的是，圖中的波狀線不代表聲波的形狀。空氣中的微粒是順著聲音方向的縱波，而不是跟聲音傳播方向垂直的橫波，這裡畫成垂直方向，目的是方便讀者理解。此處的波峰代表的是聲音在縱波方向上被壓縮得最厲害的地方。

線上暗線移動的方向和距離，就可以讓天文學家們得出一系列驚人的發現。得益於都卜勒現象的幫助，我們現在知道，天空中最亮的星星 —— 天狼星，以每秒鐘 75 公里的速度離我們遠去；這顆行星距離我們實在太遠，因此即便離開我們幾十億公里，它的亮度依舊不會改變。如果沒有都卜勒現象的幫助，我們也許永遠也不會知道這個天體的運動情況。

這個例子清楚地說明，物理學真的是一門包羅萬象的學科。知道了幾公尺長的聲波規律以後，物理學又把這規律應用到萬分之幾毫米的聲波上，然後利用這些知識來測量那些在廣闊的宇宙間奔馳的恆星的運動方向和速度。

✿ *10.15* 一筆罰款的故事

都卜勒在 1842 年發現，隨著觀察者與聲源或者光源的接近或者遠離，他所接收到的聲波或者光波的波長也會發生變化，由此他大膽設想，恆星的顏色也是基於這個原因。他認為，恆星本身是白色的，它們其中的一些之所以看上去會有顏色，是因為它們對我們來說運動得較快，快速靠近的恆星向地球上的觀察者發出的光波是縮短了的，因此呈現藍色的、綠色的或者紫色的光；相反，當這些白色的恆星離我們遠去的時候，我們看到的是黃色或者紅色的光。

這是一個獨創的，但毫無疑問是錯誤的想法。為了使眼睛能發現恆星由於運動引起的色彩變化，首先需要給予這些星體巨大的速度 —— 每秒鐘幾萬公里；但這還不夠，因為靠近的白色星體發出的藍光變成紫色的時候，光譜上它的綠線會變成藍線，紫線變成紫外線，紅外線變成紅線；總而言之，白光裡的各種成分都還在，因為光譜上的各種顏色雖然

發生了位置變化，但是這些顏色在我們眼裡的總體感覺不會變化。

　　相對於觀察者而言運動著的恆星光譜中暗線的移動，是另外一回事：這些變動可以用精確的儀器測量出來，並可以使我們根據看見的光線來計算出恆星的運動速度（好的分光鏡能夠準確測出每秒鐘 1 公里的恆星速度）。

　　現代物理學家伍德有一次開車太快，在紅燈信號出現的時候沒有來得及停車，於是交通警察準備對他進行罰款，他這時候想起了都卜勒的錯誤。據說，伍德告訴交通警察說，快速行駛的時候，對面的紅色信號燈看起來是綠色的。如果這位警察懂物理學，他一定能計算出，汽車的速度只有達到每小時 13500 萬公里的時候，這位物理學家的辯解才能成立。

　　以下是計算方法。如果 l 表示從光源發出的波長（這裡指信號燈），l' 表示觀察者（這裡指物理學家）看到的波長，v 表示汽車速度，c 表示光速，那麼，這些數據之間的關係為：

$$\frac{l}{l'} = 1 + \frac{v}{c}$$

　　我們知道，紅色光中最短的波長等於 0.0063 毫米，綠色光中最長的波長為 0.0056 毫米，光速是每秒鐘 300000 公里，所以：

$$\frac{0.0063}{0.0056} = 1 + \frac{v}{300000}$$

　　由此可以算出汽車的速度是：每秒鐘 37500 公里或者每小時 135000000 公里。以這樣的速度開車的話，伍德在一小時多一點的時間裡，就能從警察身邊達到比太陽還遠的地方。據說，他最後還是因為「超速行駛」被罰了款。

✂ *10.16* 用聲音的速度走路

如果你用聲音的速度離開一個正在演奏的音樂會，你會聽到些什麼呢？

坐著郵政火車從聖彼德堡出發的人，在所有車站的賣報者手中見到的，都會是同一天的報紙——他出發的那天出版的報紙。這是可以理解的，因為報紙是跟著這位乘客走的，新的報紙在後面的車上。由此可以得出結論，用聲音的速度離開的時候，我們在所有時候聽到的都是我們出發時音樂會上演奏出來的那個音調。

但是這個結論卻是錯誤的。如果你是以聲音的速度離開的，那麼那些聲音對你來說就是靜止的，不會振動你的耳膜，所以，你聽不見任何聲音，你會覺得，樂隊已經停止了演奏。

那為什麼報紙的情況不同呢？這是因為，我們用的是錯誤的類比法。這位處處見到同一期報紙的乘客，會認為（如果他忘記了自己是在運動的話）他出發地的報紙已經停止出版了。對他來講，報紙好像停刊了，就像對這位音樂會聽眾來說，樂隊已經停止了演奏一樣。有趣的是，儘管這個問題並不複雜，但是科學家有時候在這個問題上也會犯糊塗。我還是一個中學生的時候，有一位天文學家（現在已經去世了），對上面那道題的解答表示不同意，認為我們以聲音的速度離開的時候，我們聽到的是同一個音調。他是這樣來論證自己的觀點（我們摘錄一部分他寫的信）：

假設有一個某一聲調的聲音在響，它過去是這樣響的，還會無休止地這樣響下去，空間中的那些聽眾，聽到的就會是不變的聲音。為什麼我們用聲音的速度甚至是以思想的速度來

到這些觀察者所在的地方，就聽不到這個聲音呢？

同樣，他論證說，以光速離開閃電的觀察者，也會一直不間斷地看到這個閃電。
他寫給我的信中說：

假設，在空間中有一排密密的眼睛。每一隻眼睛都會接收到前一隻眼睛收到的光的印象；假設你可以位於任何一隻眼睛所在的位置 —— 顯然，你就一直都能見到這個閃電。

顯然，他的這兩種說法都是錯誤的，在上述條件下，我們既聽不到聲音，也看不到閃電。這很明顯，如果「一筆罰款的故事」一節中的公式中，$v = -c$，那麼眼睛能看到的 t 就是無限的，這就是說光波是不存在的。

《趣味物理學續篇》到此就結束了。如果它能吸引讀者去接觸這門學科無限廣闊的領域，那麼作者的任務也就算是完成，目的也達到了，可以心滿意足地為這本書畫上一個句號。

國家圖書館出版品預行編目 (CIP) 資料

趣味物理學續篇 / 雅科夫 · 伊西達洛維奇 · 別萊利曼著；
劉玉中譯 . -- 初版 . -- 臺北市：五南，2018.09
　　　面；　公分 . -- (學習高手；118)
譯自：Entertaining physics, 2
ISBN 978-957-11-9840-8(平裝)

1. 物理學
330　　　　　　　　　　　　　　　107012238

學習高手系列118

ZC10

趣味物理學續篇

作　　　者－雅科夫 · 伊西達洛維奇 · 別萊利曼（ Я.И.Перельман ）
譯　　　者－劉玉中
校　　　訂－郭鴻典
發 行 人－楊榮川
總 經 理－楊士清
主　　　編－王者香
責任編輯－許子萱
封面設計－樂可優
出 版 者－五南圖書出版股份有限公司
地　　　址：106 台北市大安區和平東路二段 339 號 4 樓
電　　　話：（02）2705-5066　　傳　　真：（02）2706-6100
網　　　址：http://www.wunan.com.tw
電子郵件：wunan@wunan.com.tw
劃撥帳號：01068953
戶　　　名：五南圖書出版股份有限公司
法律顧問　林勝安律師事務所　林勝安律師
出版日期　2018 年 9 月初版一刷
定　　　價　新臺幣 400 元